用得上的心理学

王明姬　姚　兵｜著

从触动、警醒，到豁然开朗，
就在阅读本书的某一瞬间。

上海社会科学院出版社
SHANGHAI ACADEMY OF SOCIAL SCIENCES PRESS

读者赞誉

晨读王老师的文章已经成为习惯，沉浸其中，不断获取新知，不断打开心智，不断调整思维模式，获益良多。文中的事例，现实中的缩影，道理深入浅出，耐人寻味。

——岁月童话

认认真真地读了王老师的文章，并念给妈妈听，老人家终于听进去了，并表示有所收获。以往苦口婆心地碎碎念，说服力不够，不如这么科学通俗的文章来得给力！幸好终于读到了王老师的文章，感恩！

——Peace day Lijuan

父母是孩子的启蒙老师，父母的关系直接影响孩子的一生，希望做父母的都看王老师的文章，给自己警示，给孩子一个美好的性格、美好的人生。

——S素昔

案例很有代表性，很能说明问题。读懂孩子的心，是解决问题的关键。王老师的文章总能给人惊喜！

——一跃

原生家庭关上的门，明姬老师打开的窗。

——喵汪妈

了解孩子的成长发展规律，看到孩子行为背后的原因，对父母而言很重要。谢谢老师生动的案例和满满干货的理论指导！

——吴穗屏 Anna

常怀感恩之心，确实比较容易满足，容易感到幸福。那种总觉得全世界都对不起他的人，真的很难感受到幸福。每个人对幸福的评判标准不一样，但幸福是一种能力，可以根据自身情况进行调整和修炼。谢谢王老师的文章！加油！

——云卷云舒

王老师和姚老师的文章是大众的精神财富，作为学生和读者的我受益匪浅。

——Jabbers

既然我们每个人就像是网络中的一个交叉点，在与别人互动中，影响着他人，也被他人影响着，那就让正向能量从“我”开始吧！

——楼柒

我愿意把这么好的精神食粮推荐给身边的朋友。

——波

（以上留言来自“明姬心理工作室”微信公众号）

序 言

读得懂、用得上的心理学

大家好！我是王明姬，是北京大学毕业的心理学博士，现在一家国家智库研究机构工作，偶尔去央视做嘉宾，偶尔开线下的原生家庭工作坊，做了十余年的心理咨询。总是受邀给别人的书作序，给自己的书写序，这还是第一次。

这些年，经常有亲朋好友及众多学生问我："王老师，你的授课风格风趣幽默，又有很多独到见解、观察视角和跨学科跨领域的研究成果，为什么不写书，不出专著呢？你写了，我们肯定会抢购的！"还有出版界的朋友直言不讳地说："想出书还不简单！你写个前序，找几个学生翻译一本国外的畅销书，拼凑起来就好了，还能帮你评职称。"

在此，先感谢各位朋友的厚爱。我自认是一个低调而严谨的学者，总觉得一旦某本书印上自己的名字出版，就是一个终身责任。"专著"这个打在身上的标签，务必要经得起时间的检验，所以对笔下的每一篇文章总是苛求再苛求，在出专著这件事情上难免瞻前顾后、思虑重重。

那么，为什么会选择在2018年出版这部专著呢？我自己也在扪心自问。显然，这不是一时心血来潮，也不是追逐出书的风潮，而是因为天时、地利、人和，一切都是刚刚好！出版之际，心有所感，心音实录，以飨读者。

先说天时。

一是心理学大发展时代在召唤。习近平总书记在党的十九大报告中明确提出，“要加强社会心理服务体系建设，培育自尊自信、理性平和、积极向上的社会心态”。相信所有的心理学工作者听到此处都为之一震，心潮澎湃。心理学的春天真正来了！惊蛰始雷，万物生发，习总书记对社会心理服务体系建设的期待，无疑是国内心理学界的“始雷”，而这本书，正是萌发的万物之一，欣欣然，成长着。

二是社会有巨大需求缺口。随着物质生活极大丰富，人们对心理学越来越感兴趣，心理学可以解决越来越多领域的问题，心理书籍的购买量也是越来越大。可是，大家普遍感受的往往是，专家很多，但能给出具体指导的教练太少；理论很多，但用得上的太少；买专业书吧，看不懂；看非专业的书籍，又不放心。广大心理学爱好者对心理知识的渴望，与当前社会能提供的心理知识的获取渠道存在巨大反差，这正是制约心理学在我国不断推广应用的扼喉之锁。从阳春白雪的科学神坛到平民百姓的日常生活，谁来完成心理学从理论到实践的推广过程呢？我希望自己可以在其中贡献力量。

三是因为出现了一些书籍的出版“乱象”。与心理学应用推广有关的书籍，不是没有人做，而是有太多人在做。可惜，有的书学术功底太深，非专业人士不可读；有的书仅是心理学某个流派的代言，对其他流派的理论或避而不谈，或出言蔑之；有的书贴着心理学的标签，却猛灌心灵鸡汤，偏离了心理学的科学、专业本源，其实跟心理学已经没什么关系了。

一位学员很是苦恼地来问我，到底什么是心理学，为什么他看了很多与心理学有关的书籍，反而更加看不懂了。虽然我的这本拙作还远远不能担负起拨乱反正、正本清源的重任，但至少可以做“乱象”中的一股清流。不为评职称、不为赚稿费、不为搞培训赚钱，就是希望安安静静、认认真真地把心理科学与现实生活的关系解释清楚，让更多人了解真实的心理学。这是我写这本书的最大初衷。

再说地利。

一是因为心理学自身的独特魅力。我曾学过6年的数学专业，还做过2年的大学数学讲师，但终究难抵御心理学的巨大魅力，转投心理学的怀抱。十余年来，我未曾有一日后悔当年的抉择，自觉心理学既能帮助个人成长、修炼身心，又有利于家庭和睦、人际和谐，既可以引领职业生涯顺利发展，又可以指导亲子关系和家庭教育，实乃人生之必修课。所以，我希望把自己十几年积累下来的对心理学的理解和感悟，传递给更多人，让更多人感受到心理学的魅力，通过心理学迎接福祉的降临。

二是因为我的话语风格还算“亲民”。好的文章，一定是像白居易的诗，就算读给路边的阿婆听，她也可以听得懂。否则，我等呕心沥血写出的文章，恐怕还不如凤凰传奇对广场舞大妈、B站主播对95后那般吸引力来得大。在十余年的研究和推广过程中，我深深感到，让普通人对看起来阳春白雪（某种意义上说也是枯燥无味）般的心理学知识感兴趣、看得下去，还能看得懂，不是一件容易的事情。同样的知识点，若用诙谐有趣、接地气的方式表达出来，读者的阅读效果会截然不同。而环顾当前出版物现状，能做到专业又有趣的书可谓少之又少。

用讲故事的方法讲道理，把有意义的事做得有意思，这是我在撰写文章时努力做到的境界。“明姬心理工作室”微信公众号文章的点赞和转发次数，也不断证实了这点。

最后是人和。

一是好友姚兵的大力支持。我自己白天各类事务繁杂，只能用8小时之外的时间撰写文章，幸而有我的学生兼好友姚兵博士在旁协助。从素材搜集，到框架搭建，再到文字撰写，都倾注了我们两个人大量的时间和心血。正是有了这样的得力助手，这部篇篇原创、字字斟酌的书籍才能在短时间内与大家见面。

二是青豆书坊的大力助推。结识青豆书坊，实属偶然。当时书稿基本完成，正在挑选合适的出版社，恰逢青豆书坊的鲁小彬女士送我几本书，我对其精致的排版很是称道。总编辑苏元老师看过书稿后，在极短时间内给出了充分的肯定。我与她们的见面也极为融洽，仿佛双方神交已久，于是就此敲定合作事宜。苏老师和鲁老师以其高效的工作效率、极大的工作热情和对文字的卓越把握，为本书提出了宝贵的修改意见，使得书中的内容更加完美地呈现在读者面前。

至此，天时、地利、人和的7个方面都已完备。于是，在心理学博士毕业后的第11个年头，我终于觉得自己有了一些积累，有能力以专著的形式把这些年经历过的、感受到的、思考出的一些东西用文字表达出来，于是就有了《用得上的心理学》这本书与各位见面。

如同书名一样，我希望这是一本每位中国人都可以看得懂、用得上的书，不管你是心理学“零基础”，还是已系统学习过心理学。

本书有很多心理学中经典、有趣的实验，有很多咨询中遇到的鲜活、真实的案例，以及一些似曾相识的人和事。在第一章、第二章和第三章文章的后面，我们还附上了一些简单易行的心理测验和卓有成效的改进练习。希望这些可以对你有所启发，助你自我觉察、自我提升。

本书从读者自我成长和家庭需求出发，共分四章。第一章《揭开心理学的神秘“面纱”》旨在说明生活中处处都有心理学，它的研究范畴比我们想象的更加广泛。这章内容会引导我们更清楚地认识自我的各个层面，了解一些抑郁症、焦虑症等常见心理问题的注意事项和治疗方法。

第二章《直面原生家庭的“烙印”，与自己握手言和》以我们自己为原点，面对自己的过去，讲述原生家庭与个人成长的关系，如：我们现在的行为习惯和性格缺陷如何在原生家庭中形成；我们如何与父母和解，治疗自己的陈年创伤；如何从自己过去的成长经历中汲取教训，更好地养育下一代；等等。

第三章《看清婚姻关系的本质》以我们自己为原点，面对身边最亲密的关系，解读男女性的择偶心理和亲密关系的本质，以及“下嫁”“爱无能”“婚后七年之痒”“爱情沉默症”等现象背后的心理学规律，介绍营造亲密关系行之有效的方法。

第四章《懂孩子，才能更好地爱孩子》以我们自己为原点，面向未来，分享育儿中需要了解的儿童心理学知识，包括思维发展、人格养成、最佳教育期等内容，讨论父母与孩子的依恋关系、教养方式和情绪管理等重要议题，解读如何正确培养孩子的延迟满足能力、如何看待孩子的攻击行为、孩子被虐待后如何引导等育儿过程中的难点问题，帮助你成为一位懂孩子、爱孩子、善于养育孩子的“学习型”父母。

最后，我要真诚地感谢家人对我始终如一的支持！感谢一直陪伴和鼓励我的亲朋好友！感谢正在阅读这本书的你！也感谢喜爱这本书、不断向周围朋友推荐的读者朋友们！

在网络化、信息化时代的今天，我依然希望你在乘坐公共汽车、地铁和飞机的途中，能够捧起这本用心淬炼的书。

一本书，一盏灯，助你找到自己内心安宁的家园。

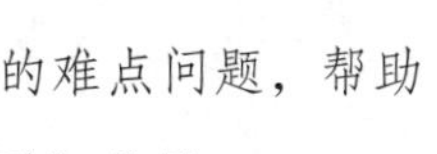

2018年5月于北京家中

目录

Contents

第一章

揭开心理学的“神秘面纱”

心理学，到底是什么?

朋友你好，如果你想通过心理学了解和改变自己，进来就对了!

专门写本书，其实也是我的一个心愿，因为有很多外地的朋友说报不上我的线下工作坊，还有很多朋友说我在央视做的心理学公开课的集数太少了，没听够。所以想着干脆在自己写的书里单独开辟一个版块，用生动的案例和精准的分析，为大家讲解心理学知识，把原生家庭与个人成长的关系讲清楚，把亲密关系的本质和养育孩子过程中的重要问题说清楚，让更多人了解真正的自己，找到改变自己和生活现状的方法。

就像一千个人眼中有一千个哈姆雷特一样，如果你在街头拦访，“心理学是什么呢？”，你会发现每个人眼中的心理学都不一样，你可能会得到各种不同版本的答案。

作为心理学的研究者和实践者，这些年我亲身感受到了广大心理学爱好者对这一学科的喜爱，人们学习热情与日俱增，可对它依然存在很多认识上的误解。这些误解，不但影响了我们对心理学知识的理解，也影响了我们对这些知识的传播和应用，甚至出现了一些张冠李戴的笑话。

所以，在全书的开篇，我特别想跟读者朋友们澄清一下，到底什么是心理学。

对心理学五种误解的澄清

误解一：心理学家知道我在想什么

一提“心理学”，有的人以为它能“看透”人心，是一门了不得的“读心术”。很多心理学的从业者和爱好者可能都有过这样的经历：当周边的人知道你的专业时，总免不了会问这样的问题：“既然是研究心理学的，那你说说我此刻在想些什么？”（画外音：此人心里正在想的是，“我就不信心理学有这么神奇”。）大家会误认为，心理学既然是“研究人类心理”的，那就理所当然地可以揣摩出别人的“所思所想”，能“透视”眼前人的内心活动，最不济的效果，也得和算命先生差不多吧！

澄清谣言的正解：

其实，在心理学研究中，“心理活动”具有广泛的含义，一般可以分为认知、情绪、意志三大类型。在心理学中，常用三个维度来描述心理活动的特征，一是心理活动的过程，二是心理活动状态，三是个性心理特点。可见，心理活动并不单纯指代某人在某种情景下的“所思所想”。心理学家的工作通常就是，根据人的外显行为和情绪表现等来研究人的心理，探索这些心理活动如何产生、如何发展、受哪些因素影响以及相互间有什么联系等这些客观规律。

也许，我们可以根据你的外在行为特征（比如肢体语言），来推测你此刻的内心活动；或者通过人格测验结果来分析你的人际交往及为人处世原则。但是，再高明的心理学家也不可能具有所谓的“读心术”，也不可能一眼就能看穿你的内心。

误解二：心理学是伪科学，非常主观且不够严谨

有些人对心理学是半信半疑，甚至还有人曾当面直斥心理学是伪科学，是“骗人钱”的巫术。为什么会有这样的误解呢？

大多数人认为，所谓“科学”，就应该像数学、物理学那样，有严密的逻辑推理和严格的实验操作。而人的心理是看不见、摸不着的，又是一个动态的变化过程，受很多难以控制的因素影响。所以，有的人会认为对“人心”的任何操作和探究都很“玄”，会添加很多研究人员主观的东西，使得心理学的研究缺乏科学性，结果不靠谱。

澄清谣言的正解：

1982 年，国际科学联合会（ICSU）接收国际心理科学联合会（IUPsyS）为会员协会，肯定了心理学的学术地位。而且，你知道吗？心理学是“理科”！是的，你没看错，心理学跟数学、物理、天文、海洋、大气科学等一样，同属于理科。我拿到的心理学博士学位，就是理学博士。实际上，心理学是一门研究人类心理现象，揭示心理现象背后的发生发展规律，用以指导人们实践活动的一门极为严谨的科学。

说它科学，是因为它具有一整套科学的研究方法和完整的研究过程。研究方法包括但不限于观察法、测验法、实验法、调查法、个案法等。研究过程包括，提出研究假设（我想研究什么问题），采用恰当的方法搜集资料或数据（用实验室设计还是现场研究？用横向比较研究还是纵向追踪研究？），按照一定程序进行结果的统计处理（常用的是 SPSS 统计软件帮助计算，如相关分析、方差分析、参数估计等），以及最终得出结论（研究发现与研究假设一致吗？对现有理论和研究方法有什么贡献？）。

心理学中有很多领域都与自然科学研究相近，如实验心理学、生理心理学等。现在，心理学的各个领域都采取了严格的科学设计，从实验控制、统计学分析，到结论的提出，都服从于统一的科学标准。

误解三：心理咨询没什么用处，都是骗人的

有的人对“心理咨询”缺乏正确的了解，以为一两次咨询就能包治百病、解决自己的所有问题。有的人认为，在治疗过程中，自己无须任何投入、配合、改变，解决心理问题全是咨询师的责任。还有的人，由于遇到了经验不够丰富的心理咨询师，不但没有解决问题，反而给自己带来了新的困扰。有的出于对“心理咨询”的失望，“一竿子打翻一船人”，觉得所有的心理咨询都是骗人的。

澄清谣言的正解：

通常，“心理咨询”是面向正常人的，其目的是为了帮助人们认识和应对生活中的各种困扰，使其发展得更好。心理咨询的对象可以是一个人、一对夫妇、一个家庭或一个团体。但是，若来访者不仅有心理困扰，还出现了严重的心理偏差，甚至是精神疾病，那就需要临床心理学家或精神病学家来处理。

冰冻三尺非一日之寒，心理问题的形成通常都经过了一段时间的积累，或者受到极为强烈的外部刺激，因而心理咨询对心理问题的解决，自然也不是一蹴而就的。成功的心理咨询，往往需要几个月，甚至更长时间，需要多次见面、持续改进，有赖于求助者的主动意愿和积极参与的程度，以及心理咨询师的专业能力。所以说，心理咨询是一个长期的、互动的过程，只有咨询双方对心理咨询有着正确的理解和基于现实的期望，才可能取得满意的咨询效果。

误解四：把心理学等同于“心理咨询”

有的人把心理学片面理解成临床治疗抑郁、焦虑、恐惧等各种心理疾病的方法。之所以产生这样的误解，可能有两方面的原因：首先，近些年心理学蓬勃发展，各种各样的心理门诊、心理咨询中心、心理咨询热线等通过不同渠道冲击人们的视听，给人们留下了极为深刻的印象。其次，人们通常习惯于从实际应用的角度去认识一门学科。一直以来，大家误以为心理学最广泛的应用领域是“心理咨询”或“心理治疗”，所以很多人将“心理咨询”等同于心理学，甚至有人因为否定心理咨询而否定了整个心理学。

澄清谣言的正解：

“心理咨询”只是心理学的一个应用分支。心理学的研究领域十分广阔，时至今日，有100多个分支，如普通心理学、社会心理学、教育心理学、发展心理学、管理心理学、消费心理学、经济心理学、音乐心理学、变态心理学、心理测量学、心理统计学，等等。

心理学家活动的领域，也涉及生活的方方面面。比如，在咨询中心、精神卫生中心以及医院，我们可以看到临床心理学家的身影，他们为那些需要帮助的人提供建议，解决他们的心理困惑，帮助来访者健康成长；对那些比较严重的心理疾病患者，如强迫症、厌食症、抑郁症、焦虑症、恐惧症患者等，则采用行为矫治或药物治疗的方法帮助他们恢复健康。

在学校，教育心理学家和学生心理咨询师发挥着重要的作用。教育心理学家研究学生如何学习，教师怎样教学，教师如何才能把知识充分地传授给学生，以及针对不同课程如何设计不同的授课方式。而学生心理咨询师负责与学生健康成长有关的工作，如对学生开展心理辅导，有时也为学生提供一些学习和情感方面的支持和帮助。

在监狱、犯罪研究机构以及司法部门，司法心理学家主要研究社会犯罪的特征和规律，为决策机构提供预防并减少犯罪的措施，帮助偏离社会正轨的人重新回归社会，有时也为司法部门在心理障碍病人犯罪的判决问题上提供科学的定罪依据。

心理学发挥作用的其他领域还有很多，如航天飞行事业、军队、工业、经济等。随着人类社会实践活动的发展，心理学的分支学科还在持续增加中，如法律心理学、互联网心理学、合规心理学等。凡是有人的地方就有心理学的用武之地。

我们改变不了已经发生的事情，但可以改变看待世界的方式。心理学就是这样一门可以帮助我们转变看待世界方式的科学，它让我们更懂自己、更理解他人，引导我们以实际行动改善人生境遇，用更健康积极的心态去体会人生旅途上的种种风景。

误解五：心理学的研究对象都是“心理有问题”的人

很多来访者都说，走进心理咨询室需要莫大的勇气，第一次做心理咨询之前要做很久的思想斗争：“去还是不去？人们会不会认为我是精神病，朋友知道了会怎么看我……”这在一定程度上反映了很多人对心理学的看法——去进行心理咨询的人都是“心理有问题”的人，“心理有问题”就是不正常，就是变态。因此，误以为心理学家只研究变态。

人们之所以会有这样的看法，主要源自于两个方面。一是受传统文化的影响，中国人普遍比较内敛，对于很多心理困扰，尤其比较隐私的心理问题，都倾向于自己调节，一旦去见了咨询师，就会觉得“病情”已经非常严重了。二是少数媒体对大众的误导，个别媒体在选择和心理学有关的主题时倾向于选择变态心理，认为这样更能满足猎奇心理，抓住大众眼球，带来更高的收视率。

很多人也的确是从各种影视作品中，特别是好莱坞和日本的所谓“心理电影”中认识心理学的。比如，影片《精神变态者》《沉默的羔羊》《本能》等，为观众展现了光怪陆离的心理世界，也为心理学打上了带有偏见的烙印。

澄清谣言的正解：

其实，大多心理学研究都是针对正常人的。有些人把心理学家和精神病学家混淆了。精神病学是医学的一个分支，精神病学家主要从事精神疾病和心理问题的治疗，他们的工作对象是所谓“变态”的人，即心理失常的人。精神科医生和其他医生一样，在治疗精神疾病时可以使用药物，他们也必须要接受心理学的专业培训。

与精神病学家不同，虽然临床心理学家也关注病人，但他们不能使用药物。除此之外，大多数心理学研究都是探讨正常人的心理现象，如儿童情绪的发展、性别差异、智力，老年人心理，跨文化的心理比较等。

对于心理学的偏见和误解不止以上几种。事实上，心理学比很多人预想的要复杂得多。

心理学的前世今生

迄今为止，人类对“心灵之旅”的探究已历经了2500个春秋，可以追溯到公元前。心理学源于西方哲学，而西方哲学则源于两千多年前的古希腊。苏格拉底、柏拉图、亚里士多德等哲人，都把对“心”和人性的探讨，视为哲学的主要问题之一。

到了19世纪末，受生物科学的影响，心理学才开始脱离哲学，逐渐成为一门独立的科学。此后，心理学的内容不断变更，但名称仍旧不改。在英文中，表示心理学的单词psychology，是由希腊文中的psyche与logos两字演变而成。前者意指“灵魂、心智”，后者意指“讲述”，合起来就是——心理学是阐述心灵的学问。到了19世纪末，科学心理学开始萌芽，心理学当时被界定为“研究心理活动的科学”。至此，心理学开始被列入科学的范畴。从隶属于哲学，到开始被视为科学，心理学在内容上只涉及了人的精神或心理方面的问题。

到20世纪20~60年代，心理学又被界定为“研究行为的科学”。这里的行为指的是可以观察到的外显活动。这一界定一直维持了四十多年，直到20世纪70年代，心理学才被重新界定为“对行为和心理历程的科学研究”。这一新的界定修正了对行为的偏重，加上了“心理历程”，颇有些“内外兼顾”的意味，也道出了现代心理学的特征。

总之，如果追溯至古希腊时期，心理学是一门超过2500多年的古老学科；但是，如果从19世纪70年代心理学从哲学体系中分离出来开始计算的话，它到今天也只有100多年的历史，是科学大家庭中的“新生代”。但无论怎样，这都不影响心理学以其强大的生命力广泛渗透于生活的方方面面。

心理学早已融入我们的生活

心理学是一门与生活密切相关的科学。每天我们挂在嘴边的词语，基本上都是心理学的研究内容。比如，感觉、记忆、思维、想象、情感、意志等都属于心理现象；发脾气、闹情绪等，属于心理活动；乐观开朗、爱好交际，是在描述人格特点。

实际上，从某种意义上讲，我们每个人都是心理学家。三四岁的幼儿已经能揣度别人的心思了，他们知道怎样把玩具藏起来让其他小朋友找不到，还会提供错误的线索去误导小朋友。他们会从妈妈的神情和语气上判断她在生气，所以乖乖地不敢继续胡闹，等妈妈高兴时，再乘机提出要求。

这些行为，都建立在对他人心理洞察和推测的基础上。也就是说，每个人都能对他人在日常生活中的所感、所思和所为进行预测。这也正是心理学家想要努力弄清楚的问题中的一部分。

接下来，《用得上的心理学》这本书将从一个个生动有趣的生活案例开始，讲述心理学在自我成长、心理健康、亲密关系、亲子教育、社会交往等诸多方面的日常应用，帮助读者朋友们轻松有趣地掌握一些心理学精要，并在实际生活中自如运用。

人生的道路从来不是一帆风顺。我们改变不了已经发生的事情，但可以改变看待世界的方式。心理学就是这样一门可以帮助我们转变看待世界方式的科学，它包含着思想与智慧，让我们更懂自己、更理解他人，引导我们以实际行动改善人生境遇，用更健康积极的心态去体会人生旅途上的风景。

亲爱的朋友们，与《用得上的心理学》一起踏上人生的新旅程吧！

成人大脑也可塑？我们一起“人老脑不老”

“心”理的基础在“脑”

虽然我们常说心理如何如何，可是，其实人类所有的心理活动、心理过程，都不是发生在“心”的位置，而是发生在“脑”部。也就是说，我们的脑才是心理活动的生理基础。

试想一下，当我们的眼睛看到一只四条腿的动物形象，就会把这个形象与脑中原有的表象进行比对，然后从海量的信息中得出结论：这是一只狗。这一认知结果会启动你与狗有关的回忆，如果你很喜欢狗，甚至还曾养过狗，它就会唤起你的怀念、温馨、喜爱的正面情绪，使你愿意走上前去逗逗它；如果你过去曾被狗追咬过，那么看到狗的一瞬间，脑中唤起的就是那段可怕的经历，以及与这段经历伴随的不安、畏惧、讨厌等负面情绪，你会立即做出躲避这只狗的行为。

这就是一个从认知到行为的心理过程。这个过程的发生，既不是“大脑的生理机制控制了我”，也不是“我控制了自己的大脑”，而是“我的大脑就是我！”对研究者来说，心脑一直都是令人兴奋且具有挑战的研究领域，对于普通大众而言，脑部的运作则更为神秘。

心理学有一个分支学科叫生理心理学，专门研究心理活动的生理基础和脑的运作机制。它包括脑与行为的演化、脑的解剖与发展、脑和行为的关系，还包括认知、运动控制、动机行为、情绪和精神障碍等心理现象及行为的神经过程和神经机制。

随着解剖学和生理学对脑机能定位研究的不断深入，随着研究者对心理活动的脑物质变化的生化研究的进展，随着脑电波、脑成像技术的广泛应用，人类对于心理过程的变化也了解得越发深入，生理心理学已成为推动当前心理学发展的新动力。

这也是我想与大家介绍我们的“脑”的原因，因为脑部的活动和发展，与心理的活动和发展紧密相连。

大脑的构造

神经科学家曾经认为，大脑的不同区域掌管着各种特定的功能，现在我们知道这种说法存在局限性。虽然特定的脑区确实具有特定的功能，但所有脑区都相互连接，像一个巨大而复杂的网络。有些情况下，大脑的功能定位并非一成不变。

接下来，我们简单介绍一些与心理活动密切相关的脑区。

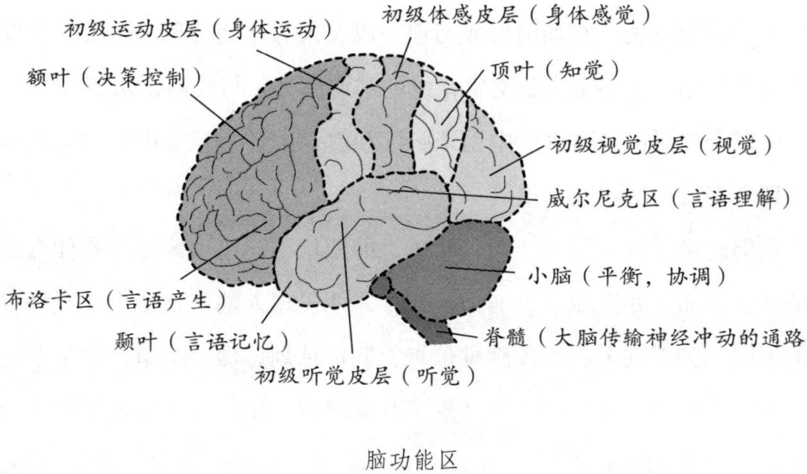

脑功能区

1. **额叶：**在大脑的前部，以躯体运动功能为主。其中，额叶最靠后的部位是初级运动皮层，这部分利用运动神经向随意肌发送信息来控制身体的运动，让我们可以移动自己的身体。而前额叶皮层被称为“人格所在地”，对人格和气质的形成有重要的作用；这部分也是完成高级智力功能的模块，是负责计划、注意、工作记忆、决策，以及管理社交行为必不可少的脑区。

2. **顶叶：**以躯体感觉功能为主，这部分对于视觉—空间功能很重要，它协同额叶帮助我们做出决策。其中，顶叶的最前面也被称为“初级触觉皮层”，使我们能够感受到来自身体的感觉。

3. **枕叶：**以视觉功能为主，视觉中枢位于枕叶的枕极，这部分脑叶使我们能够看到东西。

4. **颞叶：**以听觉功能为主，这部分脑叶还与视觉、嗅觉和记忆有关。

5. **海马体：**它位于颞叶的深处，对于形成长时记忆非常重要。海马体还涉及情绪和想象的一些功能。

6. **杏仁核：**对加工情绪（比如恐惧、愤怒和吸引力等）以及针对情绪做出反应很重要。杏仁核位于颞叶内部的深处，恰好在海马体的前面。

7. **纹状体：**当把大脑从中间切开时，我们便能很清楚地看到纹状体。它与运动功能有关，在如何形成习惯（以及人为什么会积习难改）上发挥着重要作用。它还是大脑奖赏系统的组成部分，与成瘾密切相关。

8. **联合皮层：**人脑皮层中用来解读和整合由各个感觉中枢收集来信息的那一部分皮层叫联合皮层。

我们已经了解了每一个大脑半球上的四块不同皮层区域各有什么独特的功能。而这些区域只有通力合作，才能实现人的不凡能力。联合皮层的不同部分帮助人们解读感觉信息，制定计划，做出决策，并采取行动。这些能力恰恰是我们人类区别于其他动物，比其他动物更加优秀的地方。人脑中用来联络各个不同皮层区域的联合皮层要多于其他物种，占整个大脑皮层的比例最大。

9. **大脑左半球和右半球：** 大脑新皮层分为左右两个半球，就是为人们所熟知的左右脑。左侧的皮层控制着身体的右侧，右侧的皮层控制着身体的左侧。大脑的两个半球的解剖结构基本上是对称的，但功能是不对称的。比如，右脑更多地决定了人的空间感、抽象思维、音乐感与艺术感，而左脑则更多控制着人的线性逻辑、理性思考与言语能力。

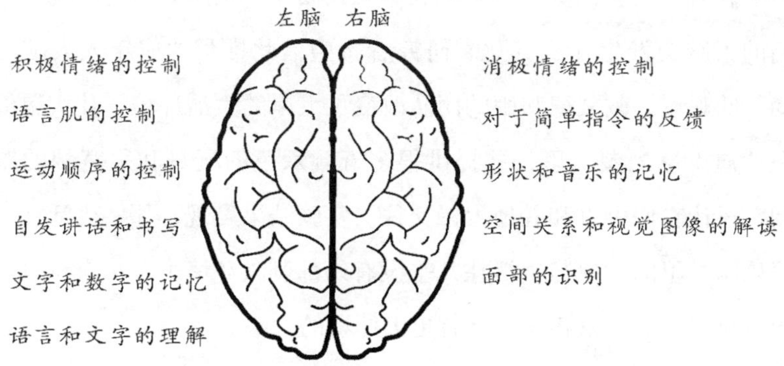

左脑和右脑的专长

大脑具有可塑性吗？

人脑，可以说是大自然造化的极致，是目前已知的最复杂的东西。这个器官限定了我们如何感觉、认识和理解客观的世界；它限定了我们的性格特征，使我们具有各不相同的脾气秉性。人类所有的感觉、认知及最不可思议的属性——意识，都能在这个其貌不扬的器官中得以实现。它决定了我们整个生命的存在。

大脑对我们如此重要，毫无疑问，我们希望它永葆"青春"。但是 1913 年，世界上最杰出的神经解剖学家、诺贝尔医学奖得主桑地牙哥·拉蒙卡哈（Santiago Ramón y Cajal）经过多方研究，得出了一个结论："在成人大脑中，神经回路是固定的、不可改变的，所有的神经元都会死亡，没有神经元可以再生。假如有可能的话，只有等待未来的科学去改变这个严酷的法则。”这个结论曾被奉为圭臬，影响了后世近一百年。

但是近年的科学研究发现：大脑拥有重新组织通路、产生新联系的能力，在某些特定的情况下，甚至能够产生新的神经元。是的，大脑具有可塑性！

美国著名神经科学家玛丽安·戴蒙德（Marian Diamond）教授做了一个著名的实验，探索如果把成年大鼠放在“刺激丰富的环境”中，它们的大脑会发生什么变化。研究者希望借此推翻“成年人大脑无法改变”的观点。戴蒙德和她的团队改变了大鼠的生活环境，让大鼠们生活在“迪士尼乐园”里，并提供很多五颜六色的玩具和很宽阔的跑动空间，还让它们可以和其他大鼠交往。实验结果发现，那些生活在“迪士尼乐园”里的大鼠与生活在几乎没有外部刺激环境中（没有玩具、只有很少玩伴）的大鼠相比，具有更大体积的大脑。

戴蒙德还证明，在刺激丰富的环境中，大脑的树突会延长，分支会变得更多，使细胞能够接收并加工更多信息，而且突触连接和脑血管会更多（意味着大脑能够获得氧气和营养），所以，大脑中有益的化学物质水平会更高。

这个实验有力地证明，在特定的条件下，大鼠的大脑发生了改变。实际上，大脑的大小和功能对于物质、心理、情绪和认知等各方面，都具有高度的敏感性和反应性。大脑与环境之间不断互动，对环境做出反应，进而改变自身解剖结构和生理机能的能力，就是神经科学家所说的“大脑可塑性”。

而这是否也意味着，人类大脑也能生长，为了适应环境而发生改变呢？

成人大脑具有可塑性

假如你认为仅仅通过大鼠的大脑变化，不足以推论到人类大脑的可塑性上，那么英国伦敦大学认知神经科学家埃莉诺·马圭尔（Eleanor Maguire）做的另一个研究，一定会彻底地说服你——成人大脑的确具有可塑性。

伦敦拥有25000多条街道、数以千计的标志性建筑和其他名胜古迹，街道排布得没有规律，不像纽约街道那般横平竖直、整整齐齐，很好把握方向。但是，你在伦敦市区任何一个地方跳进一辆黑色出租车（伦敦的标志性出租车），司机都会尽可能地经由最短路线将你送到目的地。这种空间导航能力来得并不容易，只有通过了"知识"考试才能获得开"黑色出租车"的执照。考试被吓人地称为"见面会"，只有很少一部分出租车司机才能通过严格的考试。

马圭尔教授及团队用fMRI（功能磁共振成像）脑扫描仪测试了16位黑色出租车司机，发现他们的海马体背部比其他人的要大很多。对鸟类、兽类以及人类而言，海马体背部是与空间导航能力有关的脑区。更引人注意的是，马圭尔发现驾龄越长，其海马体就越大。

在这个研究之后，为了排除作为被试的出租车司机"天生就有较大海马体背部"的可能性，马圭尔及其团队继续考察了准出租车司机在学习"知识"过程中的进展情况。他们再次使用fMRI，在课程开始的时候扫描了一次准司机们的大脑，在课程结束的时候又扫描了一次。结果发现：海马体背部变化最大的准司机最有可能通过考试。这有力地证明了，独一无二的经历确实能让大脑的生理结构发生切实而深刻的变化，成年人类的大脑同样具有可塑性。

类似的研究对象还包括音乐家。演奏乐器是一件复杂的事情，每分钟需要演奏几百个音符。研究人员用高分辨率fMRI脑扫描仪显示发现：

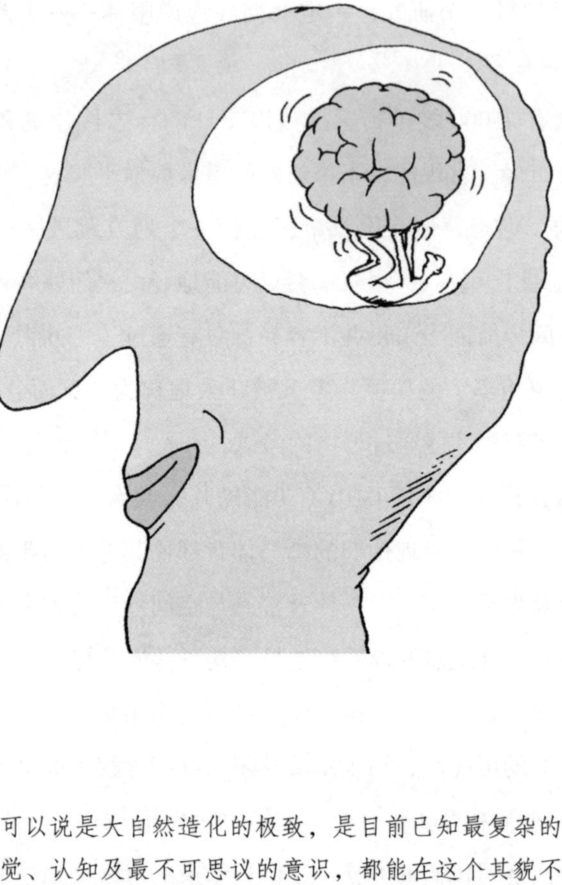

人脑，可以说是大自然造化的极致，是目前已知最复杂的东西。人类所有的感觉、认知及最不可思议的意识，都能在这个其貌不扬的器官中得以实现。“用进废退”的生物科学原则，同样适用于人脑。人与环境的互动越多样、越复杂，大脑的神经连接就会越多。

音乐家的大脑与非音乐家的大脑有着明显的不同。与听取复杂声音有关的脑区、与产生精细动作有关的脑区，音乐家都要比非音乐家的脑区大很多。而且研究还表明，这些脑区的大小与练习量有关，练习得越多，对应的脑区就越大。

像锻炼肌肉一样去锻炼大脑

“用进废退”的生物科学原则，同样适用于人脑。大脑会不断地对外部客观世界做出回应，互动越多样、越复杂，大脑的神经连接就会越多。不用担心“用脑过度”，因为人的大脑皮层约有 140 亿个神经细胞，而一般人在一生中只用了 10 亿个左右，人脑很大一部分潜力还未开发利用。

相反，生活环境和体验越缺乏刺激，或者日复一日地做相同的事情，让大脑感到乏味，大脑内部连接就会逐渐退化、反应迟钝，多巴胺分泌减少，维持大脑可塑性的注意力系统被破坏，脑体积也会慢慢变小，老年时更容易出现老年性痴呆。

调查资料表明：勤用脑的人的智力一般比懒散者高出 50%；学历和职业智力水平高的老人通常比智力活动少的老人在脑的老化和智力衰退方面，要慢得多、轻得多。所以，大脑神经细胞和其他组织器官一样，越用就越能保持其充沛的活力。

那么，如何像锻炼肌肉一样去锻炼大脑呢？给大家三条建议：

第一，多经历、多感受不同的环境，让大脑不断适应新变化。研究发现，新环境可以激发神经再生。在不同环境中，大脑需要不断重新学习，这样可以撞击出“预期的细胞增殖”火花。如果我们一直待在一间几十年不变的房间内，且这个房间就是我们全部的经验，我们已经知道这个环境的每一件事情，大脑就不需要神经再生。

为了使大脑保持最佳状态，我们应该多尝试一些新环境。比如，经常走出家门、去不同的地方旅行，多读大师的著作，保持充沛的精神活动，或参加不同的社交活动，与不同的人交往。

第二，每天坚持运动，为大脑供氧，刺激神经元生长。就像丰富的环境刺激能够激发大脑发生积极改变一样，运动也能带来类似的效果。因为心智活动要靠大脑，而大脑需要氧，散步、骑脚踏车或心肺运动都能让为大脑供氧的身体器官得到强健，从而使大脑活跃、心智敏锐。事实上，不论什么方式，只要能使心脏和血管维持最佳状态，都会使大脑受益。研究发现，哪怕每天以适当的速度散步，都能刺激新的神经元的生长。

运动能够刺激感觉和运动皮质区。而这些区域是维持身体平衡系统的大脑功能区，在我们年老后开始退化。很多老年人因为自己腿脚的不利落，担心摔跤，选择待在家中不敢出门。殊不知，大脑最怕的就是停留在相同的环境中，这样会使大脑萎缩得更快。所以，老年朋友也需要适度健身，每天坚持到户外运动一段时间，可以延缓大脑衰老。

第三，保持终身学习的习惯，让大脑每天学习新知识。除了增加新生的神经元数量以外，延长原有神经元的寿命，也可以提高大脑的可塑性。研究发现，学习能延长海马体既有神经元的寿命。只要不断地学习“新的东西”，都可以延长该区域神经元的寿命。

保持终身学习的好习惯，比如学习多国语言，学习一些完全没有接触过的技术，尝试新的体育运动方式等，这样做不但可以维持并增进记忆能力，还会启动大脑可塑性的控制系统，使大脑保持良好地运转。

小 结

既然大脑才是心理活动的生理基础，那么大脑的不断成长、发展、完善，一定有助于我们的心理活动不断走向成熟。无论是成年人，还是小朋友，大脑都可以在锻炼中持续地发展变化，弹钢琴、画画、打网球、游泳，每获得一项新技能，大脑中的对应功能区都会随之发生改变。

从现在开始，多经历、感受不同的环境，坚持有氧运动，保持终身学习的习惯，由此有意识地锻炼大脑，建立积极的神经联结，才有助于脑功能不断提升。

爱护我们的大脑，就让它全力开动吧！

好人是如何变成恶魔的?

1962年,"二战"纳粹大屠杀的组织者阿道夫·艾希曼最后一次努力争取审判团的宽大处理。他在一封信中写道,"和其他的低级别军官一样,我只是被迫服从命令,只是工具而已",将成千上万犹太人死亡的责任推给他的上级。这个"只是服从命令"的托词在"二战"后的纽伦堡审判中震惊四座,成为艾希曼庭审中最引人注目的一点。

让人震惊的电击实验

为了弄清那些正在遭受审判的、看上去"文质彬彬"的纳粹追随者们在战争中玩"杀人游戏"背后的心理机制,耶鲁大学心理学家斯坦利·米尔格拉姆(Stanley Milgrams)进行了一系列著名的实验。

米尔格拉姆及其同事在报纸上刊登广告,并邮寄出许多广告信,招募被试前来耶鲁大学协助实验。实验地点选在大学的老旧校区中的一间地下室,地下室有两个以墙壁隔开的房间。广告上说明,实验将进行1个小时,报酬是4.5美元。参与者年龄从20岁至50岁不等,包含各种教育背景,从小学学历到博士研究生学历都有。参加实验的人扮演"老师",并对"隔壁扮演学生的其他被试者"进行考试,而实际上,隔壁扮演“学生”的其他被试者都由实验人员假装扮演。

一旦“学生”回答错误，“老师”将会对隔壁的“学生”施以电击，并逐渐提高电压。实验开始后，假扮“学生”的工作人员会随着电压升高而发出嘟囔、痛叫，或尖叫着要退出实验。在电压超过 330V 达到致死标准时，“学生”将不会再有任何声响传来。如果被试迟疑，那么在一旁的实验主持人会继续劝导他，告诉他不需要为实验负任何责任，并强调“你必须继续，没有任何选择”。只有扮演“老师”的被试坚持拒绝执行电击的命令超过 4 次，才可以停止实验；否则，按照实验设计，要到达 450V 电压，并且被试“老师”重复电击 3 次后，实验才会停止。

在实验之前，米尔格拉姆曾预计，大约只有 1% 的人会持续到实验结束。但出乎意料的是，没有任何人在 300V 以前停止电击，甚至有 65% 的受试者，一直持续到 450V 实验自然结束。

此后，美国马里兰大学摩郡分校的研究者重复进行了多次实验，最后得出结果：无论实验在何时何地，每次实验都有约 61%~66% 的被试愿意对另一个陌生人施加致命的电击。实验表明了，某种社会情境会让我们做出背离自己原有态度的举动，有时会诱使普通人赞同谬误，或者向残忍屈服。

米尔格拉姆的实验证明了，服从权威命令是一种普遍现象。亚里士多德也曾说过：“我们是社会性动物，我们所说所想均学自他人，我们渴望彼此之间建立关联，渴望归属感，渴望获得他人良好的评价。”作为社会性动物，我们会对周围环境做出反应，而我们的反应也会成为环境的一部分，转而去影响他人。

在心理学的庞大体系中，社会心理学专门研究个体的社会行为和社会意识，特别是个体的思想、情感、行为怎样受环境的影响。自尊、社会角色、社交情绪、人际沟通、亲社会行为和攻击行为等，都是这个学科的重要研究主题。

善恶之间并非不可逾越，环境的压力会让好人干出可怕的事情。人的这种性格变化被称为“路西法效应”——上帝最宠爱的天使路西法后来堕落成了撒旦。也就是说，在某种特殊的环境下，天使会堕落成魔鬼，好人也会变成坏人。

在社会心理学中，类似米尔格拉姆服从实验的研究还有很多，比如下文中的斯坦福监狱实验和波波玩偶实验。

路西法效应：好人是如何变成恶魔的?

美国著名心理学家菲利普·津巴多在其著作《路西法效应：好人是如何变成恶魔的》一书中，详细介绍了全球最具传奇的真人实境实验——斯坦福监狱实验。

1971 年，斯坦福大学的研究人员把一拨大学生分成两组，一组扮作狱警，一组扮作犯人。本来这个实验计划是 15 天，但 6 天后就结束了。结束的原因很简单，局面无法控制了——扮成狱警的一方因为有了某种特权，行为有了很大的暴力性和攻击性，而扮演罪犯的一方性格变得顺从和屈服。

实验的结论是，个人的性情并不如我们想象的那般重要，善恶之间并非不可逾越，环境的压力会让好人做出可怕的事情。人的这种性格变化被菲利普·津巴多称为“路西法效应”——上帝最宠爱的天使路西法后来堕落成了撒旦。也就是说，在某种特殊的环境下，天使会堕落成魔鬼，好人也会变成坏人。

情境对我们的影响如此巨大，要想做到不随波逐流、不盲信盲从，就需要时刻保持自我反省和对环境的觉察。

社会行为是学来的

认知科学家格雷戈里·希科克（Gregory Hickok）在其著作《神秘的

镜像神经元》中说:“观察、模仿和学习，是我们生而为人的关键能力。”同时，美国心理学家阿尔伯特·班杜拉（Albert Bandura）在20世纪70年代做出的经典实验，也有力证明了人类观察、模仿和学习能力的力量。

实验者让斯坦福幼儿园的一个小朋友做一项有趣的绘画活动，同时一个成年人在房间的另一个角落，那里有组合玩具——万能工匠、一个锤子和一个充气娃娃。在玩了1分钟的万能工匠之后，成年人站起身，开始对充气娃娃进行了持续10分钟的攻击，用锤子重重地砸它、踢它，把它扔来扔去，还大叫着:“揍它的鼻子……把它打翻……踢死它……”

目睹了这次突然爆发后，小朋友被带到第二个房间，里面有很多漂亮可爱的玩具，他们玩得很开心。但在两分钟之后，实验者要求小朋友“必须把这些玩具留给别的小朋友”。然后，郁闷的小朋友被带到另一个房间，里面有各种玩具，包括充气娃娃和锤子。

如果小朋友没有在第一个房间看到成年人攻击性的示范，他们很少表现出攻击性的言语和行动，虽然因为不能玩第二个房间的玩具，他们感到郁闷，但仍然可以很平静地玩着。但是，那些观察到成年人攻击行为的小朋友，则很可能拿起锤子击打玩具娃娃。这一现象的发生概率要比没看过的小朋友高出许多倍。

所以，让小朋友观察成人的攻击行为，不仅减少了小朋友对自己情绪的控制，还教给他们怎么去攻击。

这个实验就是心理学史上非常著名的波波玩偶实验，班杜拉因此提出了社会学习理论。该实验带给我们很大的启示——毫无疑问，被观察和模仿的对象（榜样）的力量很强大！后来的研究还表明，即使是影片里的卡通人物做出的攻击行为，儿童也会去模仿。学习正面榜样，可以对我们起到积极的示范作用，反之亦然。

小 结

我们都是“社会性”动物，这到底意味着什么？

✤ 意味着我们都会在乎他人对自己的看法，出于自身道德感的要求和赢得他人赞美的动机，我们会主动做出助人行为。

✤ 意味着我们对很多事物的态度会受到别人的影响，特别在面对陌生事物的时候。

✤ 意味着老师或家长的一个鼓励的眼神，会使小朋友在课堂上的反应更积极；

✤ 意味着男朋友的一句无心之语，会让这个女孩子自我怀疑、辗转反侧、彻夜难眠……

是的，我们都是社会性动物，我们的一言一行看似全然主动，其实处处受到外界环境的影响，同时又通过人际互动，成为影响别人的一种力量。每个人就像是网络中的一个交叉点，在与别人的互动中，相互影响。既然如此，何不让正能量从“我”开始呢！

你有几张“面具”？

马斯洛曾说过：“即使是完善的人，也不能摆脱人的基本规定，人既是被创造的，又是天使般的；既是强大的，也是软弱的；既是无限的，也是有限的；既是勇敢的，又是懦弱的；既是前进的，又是后退的；既是想完善的，又是害怕完善的；既有人性，又有兽性。”

作为一位人本主义心理学家，马斯洛说这段话的目的，并不是责难人，而是试图从多个角度给“人”下定义。可是，结果却发现，不管从哪个角度来看，“人”都貌似一个矛盾的综合体。可见，认识“我”该有多难了！

为了更好地解构自我概念，心理学家乔瑟夫·勒夫（Joseph Luft）和哈里·英汉姆（Harry Ingham）提出了一个名为“周哈里窗”的模型，根据我们对自己的了解、对自己的不了解、别人对我们的了解、别人对我们的不了解这四种情况，将一个人的认知分成四部分，分别是“开放我”“盲目我”“隐藏我”和“未知我”。（见下图）

	自己知道	自己不知道
别人知道	开放我（公众我） 自由活动领域	盲目我 盲目领域
别人不知道	隐藏我（逃避我） 逃避或隐藏领域	未知我（潜在我） 未知的处女领域

接下来，我们以这个模型为线索，分别分析“我”的四个部分。

开放我：我知道，你也知道

左上角那一扇为“开放我”，指的是“我自己知道、别人也知道”的自我概念，比如我们的外形、学历、性别、籍贯、爱好、特长，以及外显的人格特点等。这部分涵盖了一个人的最基本信息，是了解和评价自我的基本依据。

“开放我”的大小取决于自我心灵的开放程度、个性张扬的力度、人际交往的广度以及其他人对你的关注度。比如，一个性格外向、乐于自我暴露的人，“开放我”的部分就会分量较重。这类人勇于进行自我展示，不畏惧别人对自己这一部分的评价和看法，并且乐于和别人分享自己的观点和感受，给人的感觉像是一池清水，清澈透明，一眼见底。

盲目我：我不知道，可你知道

右上角那一扇窗称为“盲目我”，指的是“我自己不知道、而别人知道”的自我概念，也就是“别人眼中的你”。通常，这是人际发生误会乃至冲突的根源，因为“别人眼中的你”和“你眼中的自己”并不一致。

前几天，遇到一个同事晓雯，她掏心掏肺地跟我抱怨：“我这个人嘛，你也是知道的，做事特别勇于承担责任，我怎么可能会去做那么龌龊的事？做了还不敢承认？但是，丁总他根本就不了解我，他竟然说我是个自私的人！我什么时候自私过啊？”

晓雯说出这样一番话的目的，是希望作为朋友的我，可以认同她“勇于担责”，同时陪她一起指责那个对她做出错误评价的丁总。同仇敌忾，似乎是朋友该做的事情。

然而，我当时内心的想法却是:“根据我对你的了解，你好像并不像你以为的那样勇于承担责任，反倒比较像丁总说的自私自利啊……”

显然，我和丁总这两个外人，对晓雯的评价是一致的。在我们眼中的她，与她认为的自己的样子，还是很有差异的。这就是“盲目我”在发挥作用!

生活中，类似的例子还有很多。比如，你觉得自己特别勇敢，但在别人眼中可能就是莽撞冒失；你觉得自己仗义执言，在别人眼中可能就是情商不够，缺乏察言观色、随机应变的能力；你觉得自己思虑周全，在别人眼中可能就是优柔寡断；你觉得自己情商很高，在别人眼中可能是为人圆滑。

在这种情况下，一般你会比较自信，因为觉得自己有很多优点，但是在别人眼中，你并没有那么好。这样的反差，容易使你在面对职场晋升的关键时机，过分高估自己的成功概率。

当然，相反的情况也有。比如，你觉得自己做事很犹豫，总是瞻前顾后，但在别人眼里，你却是一个懂得照顾别人感受的人；你觉得自己的专业基础薄，总是提前准备很多资料，以备不时之需，但在别人眼里，你却是一个认真负责、敬业尽职的好下属；你觉得自己不善言辞、容易害羞，但是在别人眼中，你可能是一个特别值得信赖的倾听者。

如果出现的是这种反差，意味着你可能对自己有着较低的自我评价，不够自信；但在别人眼中，你已经非常出色，值得信任、培养和提拔。所以，这样的人常会有“意外之喜”。

正所谓“当局者迷，旁观者者清”。“盲目我”指的就是“如果别人不告诉你，你本人觉察不到”的这部分自我，是自我认知的盲区。通常，内省能力越强的人，盲区越少。

隐藏我：我知道，你不知道

左下角那一扇称为“隐藏我”，指的是“我自己知道，而别人不知道”的自我概念。

这一部分，有可能是我们还没有机会去展示给别人看的优点，理由可能是为人低调、不想太张扬，也有可能是我们刻意隐藏起来的缺憾，比如一些童年往事、痛苦的经历和身体上的隐疾等。

人人都有秘密。一些隐私，我们不愿意让别人知道，这是正常的心理需要。心理学认为，适度的内敛和自我隐藏，有助于心理平衡和健康。

但是，如果隐私太多、隐藏太深，别人就可能认为你很难接近，难以看懂，难走进你的内心，难做朋友，而你自己也会觉得孤独。

端庄大方的小雅生活在一个传统保守的家庭，父母对她的教育是“女孩子要矜持，公共场合少说话”。因此，小雅从小都表现得文静内敛，努力把自己活泼的一面压抑下来。

成年后，当她看到那些在公共场合勇于表达自己观点和情绪的人时，她总会说“这个人真爱出风头，好虚荣！”可实际上，只有小雅自己知道，她内心深处其实非常羡慕别人的大胆外放，自己也渴望体验这种自然流露。她把这个部分的“我”深深地藏了起来，成为“隐藏我”的内容。

未知我：我不知道，你也不知道

右下角那一扇窗称为“未知我”，指的是“我自己不知道，而别人也不知道”的自我概念。这个部分通常指的是我们尚待开发的能力和个性，很有可能是我们潜藏的“宝藏”。

充分挖掘自己的潜力，也许会让你的人生从此不同。比如，领导交

自我成长与发展的实质是扩大“开放我”，与他人分享“隐私我”，通过他人的评价减少“盲目我”，不断发掘自己和他人的优点开发“未知我”。随着这些做法的深入，你的人生掌控区会越来越宽阔。你未来“可能成为的样子”比今天“你已经成为的样子”会精彩好多倍。

给你一项任务，你从来没有涉足过这个领域，领导也不相信你有这个能力完成，仅仅让你尝试收集一些资料。结果，你在收集资料的过程中，灵机一动，有了一个很棒的想法，又加班加点地辛苦工作，最终呈现出一份极佳的策划案。

显然，这样的结果，是你和你的领导都没有预想到的。这种能力本来潜藏在“未知我”的这个部分，随着这项工作的完成，逐渐显现出来，成为“开放我”的一部分。

通过这一个又一个小故事，我们不难发现，“认识自我”其实是一件非常不容易的事！无论我们如何努力，总还是会有一部分“我”是自己无法探知的。

全方位认识“我”

我们天天说“我”，却很少认真思考“我”是什么。曾经给一些朋友做“Who am I”的测试，结果很多人写到第六七句时就写不下去了。人们对自我的认识，其实远远不够。

全方位认识“我”，不仅要认识“开放我”，展示出一些“隐藏我”，还要尝试去了解“盲目我”（即别人眼中的我），努力挖掘“未知我”。

一是把“隐藏我”中的优质部分放入“开放我”。你是不是总觉得自己怀才不遇？在职场上没有得到重用？那是因为你知道自己的全部优点，而别人未必清楚，这是“隐藏我”与“开放我”不一致导致的。寻找合适机会，多多展示自己的优点，把别人还不清楚的你的优势表现出来，让别人更容易发现你的才干。

二是尽可能发现“盲目我”中不好的部分。要做到这点，就需要更多地倾听，多听听身边朋友对你的评价，从别人口中发现不一样的自己。也许，你会听到一些与自己实际情况并不一致的内容，这时，先别急着反驳和解释，把它们记录下来，好好思考一下，自己的做法有没有一些容易引起别人误会的地方。在此基础上，改进沟通的效率和效果，减少信息的错误传递。

同时，也不要过分在乎别人的评价，特别是负面评价。因为每个人对他人的评价都是主观的，受到多种因素的干扰，存在各种认知偏差，别人的评价也未必都是对的。

如何去区分这其中的分寸呢？那就要看这个问题，是一个人这样评价你，还是有很多朋友都曾给你指出过。如果是前者，那就可以不用太在意了；如果是后者，你就应该正视这个问题。

三是要想方设法挖掘“未知我”。有时候你会不会有这样的感觉？做某件事时，我们说不清道不明，但就是莫名其妙地把它做得很好。对于这部分，你可以通过心理测试或不断尝试新事物，找到一些自己没发现、别人也不了解的性格特质。这些都有助于你更好地发展自己的潜能。

自我成长与发展的实质是扩大“开放我”，与他人分享“隐私我”，通过他人的评价减少“盲目我”，在和别人的交往中不断发掘自己和他人的优点，开发“未知我”。随着这些做法的深入，你的人生的掌控区会越来越宽阔，可以做很多原来做不到的事情。

也就是说，你未来“可能成为的样子”比今天“你已经成为的样子”会精彩好多倍。这，就是自我成长！

看到这里，你认为你对自己足够了解吗？有哪些部分是你的“开放我”，而哪些部分又是你的“隐藏我”呢？用纸和笔将它们写下来。问问身边朋友对你的评价，看他们的答案与你所写的是否一致呢？期待你的实践！

提升心理资本，做自己的 HERO

在一个心理学实验中，实验人员将一只小白鼠丢入装满水的杯子，一般来说，它的生命只能维持 8 分钟左右。但是，如果在小白鼠挣扎到 5 分钟左右的时候，放入一个跳板，使它可以爬出杯子，活下来，那么，若干天后，再将这只大难不死的小白鼠放入同样装满水的杯子时，它竟然可以在里面坚持 24 分钟，是原来的 3 倍！

基于此，心理学家认为：没有逃生经验的小白鼠，只能凭借自身的体力挣扎求生；而有过逃生经验的小白鼠，却多了一种精神的力量，它相信会在某一个时刻，有一个跳板出现，把自己救出去，所以它能够坚持更长的时间。

这种精神力量，就是积极心态，或者说，是小白鼠在前一次成功的逃生经验中积累起来的一种心理资本——“希望”。

心理资本 HERO 是什么？

对心理资本的研究，最初源于经济学、社会学等领域。2002 年，美国心理学会主席马丁·塞里格曼（Martin Seligman）提出了“心理资本”这一概念。2004 年，美国著名管理学家路桑斯（Luthans）等一批组织行为学者以“积极心理学”理念为主要框架，提出了心理资本的具体概念。

路桑斯把心理资本定义为：个体在成长和发展过程中表现出来的一种积极的心理状态，包括希望、自我效能、韧性、乐观等四种引导正向的力量。这四种心理能力的首字母结合起来，组成了一个词“HERO”。

其中，“H”代表希望（Hope），指的是面对工作和生活时的意志，对目标锲而不舍，为取得成功，在必要时能调整实现目标的途径。比如，你决心要做一件事情，你愿意花上数月时间，坚持不懈，直到完成。

“E”代表自我效能（Efficacy），也就是对于成功的信心，指的是个体是否相信自己在从事充满挑战性的工作时，有信心并能付出必要的努力来获得成功。这是自我认知的重要环节，也是实现自我管理的重要途径。

“R”代表韧性（Resiliency），指的是心理弹性。当身处逆境和被困难困扰时，个体能够持之以恒，迅速复原并超越原来的自己取得成功，这就是韧性。韧性是一种“可开发的能力”，它能使人从逆境、冲突及失败中快速回弹和恢复过来。

最后的这个“O”，代表乐观（Optimism），指的是个体对现在和未来的成功有积极的归因方式。这里的“乐观”，不是一种自我陶醉，或者不切实际的自我膨胀，而是一种基于现实的灵活的乐观，是一种从自律、剖析过去、权变与未雨绸缪中获得经验的现实能力。

心理资本这些丰富内容，吸引了包括心理学、管理学、经济学等领域众多学者的深入研究与关注。

心理资本决定你成为什么样的人

心理资本是一股储藏在我们心灵深处的永不衰竭的力量，它能够帮助个体调节由于人际关系、工作压力带来的心理与生理问题，提升个体的幸福感、满意度等正能量水平。

心理资本决定你成为一个什么样的人。心理资本被它的提出者路桑斯称为“继财力、人力、社会三大资本之外的第四大资本，超越了现有的人力资本和社会资本。”

其中，人力资本指劳动者的知识和技能，这些可以通过教育、培训、实践经验、迁移、保健等方面的投资获得，也会随着时间和经验不断积累，解决的是“你知道什么”的问题。社会资本是人们在社会结构中处的位置给他们带来的资源，也就是“你认识谁”的问题。

而心理资本关注的是“你是什么样的人”或“你将要成为什么样的人”的问题。相对于资金、市场和技术而言，心理资本是实现人生发展的原动力，能够为个体乃至组织带来决定性的竞争优势。所以，对于个体而言，心理资本的价值可以超越人力资本与社会资本的价值。

希望、自我效能、韧性、乐观这四种力量混合，会发生奇妙的化学反应，带来一系列积极的结果。比如，你是一个满怀希望的人，拥有实现目标所需要的“意志力”和“路径”，所以，当你遇到各种困难时，你会有更强的动力、更丰富的能力去克服困难，因而也会更有韧性。并且，在克服重重困难的过程中，个体的自我效能感会越来越强，也就是说，对成功的信心也会越来越强。

此时，你身上具有自我效能、希望、韧性这三个重要因子，它们会协助你把奋斗的过程理解为“可控的”，这是一种内归因的认知方式，有助于形成乐观的解释风格。

哪怕你刚刚因为经济危机被公司裁员，这种乐观的思维习惯也会帮助你对未来保持积极态度，你会相信自己，相信经济环境终将改善，也相信自己会重返工作岗位。或者，这种乐观让你相信这也许是一个自我提升的好时机。

心理资本关注的是“你是什么样的人”或“你将要成为什么样的人”的问题。它是一种个体积极的心理状态，包括希望、自我效能、韧性、乐观这四种正向的心理能力。这四种正向能力的首字母结合起来，组成了一个词——HERO。

召唤我们内心的英雄（HERO）

提升心理资本是一种增强内心力量、促进个体成长的有效方式。具体措施，也需要从H、E、R、O这四个方面着手。

希望（Hope）：坚定与变通

对未来满怀希望，必须具备两项密不可分的能力，一项是锲而不舍的精神（意志），另一项是及时变通的能力（途径）。

高水平的“希望”通常有以下几个特点：首先，有明确的目标；第二，有坚定的意志，能投入很多精力，相信自己可以掌控命运等；第三，即使既定目标无法达成，也能及时转移至替代目标，并继续追求。

而现实情况是，当人们在实现某目标过程中受阻时，不会及时变通、调整方向，舍不得自己之前的投入。经济学上会把这些已经付出、不能再收回的时间和精力统称为“沉没成本”。比如，一位教龄10年的小学老师告诉我，他其实并不喜欢这份工作，只是不舍得辞职，“毕竟付出了10年”。显然，他被“沉没成本”困住，放不下过去的投入，也就无法去追寻真正想要的东西。

自我效能（Efficacy）：分解与学习

简单来说，自我效能就是个体对自己能够取得成功的信念，即“我相信我能行”。

要想提升自我效能感，首先要擅长分解目标。当面对一项比较复杂的任务，可以把它分解成若干部分，把一个大目标分解成若干小目标，然后一个个地达成，在这一过程中频繁地体验“小成功”，进而自我效能感不断增强。比如，很多学英语的人会把背单词视为最困难的部分，那么不妨把一本厚厚的300页单词书分成30个部分，坚持每天只记住10页单词，不断体验这种“小成功”，累积对自己的信心，这是培养自我效能的关键。

其次，要充分地发挥榜样的作用。我们的认知经常被各种“不可能做到”所限制，这时，如果有人可以打破常规，那么我们就能从这一事件中汲取力量，激发“他能，我也能”的自我效能感。比如，班尼斯特被载入吉尼斯纪录，因为他完成了一个看似不可能的奇迹——4 分钟内跑完 1 英里。在他破纪录后的第二年，竟有 300 多人也在 4 分钟内跑完了 1 英里。当然，这绝非田径选手的身体机能出现了跨越式进步，而是在“4 分钟内跑完 1 英里”的奇迹被创造后，田径运动员的自我效能感在榜样的刺激下肆意增长！

韧性（Resiliency）：接纳与转移

我的一个好朋友，遭受了一次重大的人生打击，我很担心她承受不了。没想到，她却展现出惊人的复原能力：先是选择去西部支教，后来又和别人在云南开了一家民宿。一年之后，当我再次见到她时，她朝气蓬勃，精神焕发。

在碰到磨难的时候，我们都需要一段时间来平复心情。只不过，有的人恢复得很快，“第二天又是一条英雄好汉”，有的人则会一蹶不振，久久无法从低谷中走出。

那些最终能够走出来的人，往往具备两方面的能力：一是接纳现实的能力，事情既已发生，所有的后悔愧疚都无济于事，还不如想想我能做些什么改变现实；二是转移注意力的能力，做一些其他的事情让自己不再胡思乱想，不再长时间沉浸其中。用一句话来总结：“接受不能改变的，改变可以改变的。”这句话，总能为我的心灵带来平静。

对于年轻人来说，我始终坚信，所有的打击都是人生财富，千锤百炼都是为了让自己成为更好的样子。一次次被打倒，一次次站起来，无论命运给我们的是什么，接招就是！有了这个信念，韧性就会慢慢提升。而我们的抗打击能力，其实比自己想象的更强。

乐观（Optimism）：现实与灵活

其实，乐观才是人们讨论最多却理解最少的一项心理优势。比如，当取得成功时，盲目自信，功劳独揽，自吹自擂，这不是乐观；出现失败时，推脱责任，找“替罪羊”，将失败归于外部原因，这也不是乐观。

争功诿过不是真正的乐观，有效的乐观不应该走极端。所以，乐观不仅仅是指人们预期未来会发生积极的事情，更重要的是，当事情发生时，乐观决定我们对事情的更为现实和灵活的解释和归因方式。

我自己常用的一个方法是，以事实为依据来反驳自己的消极思维。比如，我现在产生了一个消极想法：“我总是不招人喜欢”，为了对抗这种消极想法，我就会寻找生活中的事例去和这一不合理信念辩论，证明这个想法是站不住脚的。

当然，培养乐观还有很多方法，在本书第二章的《改变看待世界的方式，远离“心身性疾病”》一文中有详细介绍。

小 结

每个人都渴盼发展、成功和幸福，这不仅需要外界的环境支持和可能的机缘巧合，更需充分发掘我们内在的积极心理品质。

心理资本，是一种比人力资本和社会资本更重要的原动力，具有无限的提升空间。唯有像储蓄财富一样去储蓄心理资本，像投资教育一样去投资心理成长，才能将心理资本的积极作用发挥到最大限度，成就自己心目中真正的“HERO”！

你眼中的世界，正是你内心的反映

一个男人带自己9岁的儿子去看演出，没想到舞台场面有点儿劲爆，只见几个美女穿着红蓝相间的布片在热舞，9岁的儿子好兴奋，挥着手叫嚷道："哇，好棒啊！"父亲有点儿担忧地看着儿子，心想："这小子有点儿早熟，该怎么办？"突然听到儿子又说："她们衣服的颜色和我们校服是一样的！"

视网膜效应

当人们拥有某些特征或某些东西时，就会特别留意别人是否和我们一样。在上面例子中，对于舞台上的热舞女孩，父亲眼中看到的或许是性诱惑，而9岁男孩注意到的是和自己校服同样颜色的衣服。这个现象就是心理学中的"视网膜效应"。它可以被解读为，你心中在想些什么，你眼中看到的外部世界就是什么。它也可以被引申解读为，你有什么样的心态，就会以这种心态解读你面前的人和事。

其实，"视网膜效应"在日常生活中非常普遍。比如，你攒钱买了一个心爱的奢侈品包包，背着它出门时，你的眼睛就会不自觉地观察其他女性背的是什么包包，有没有人跟你同款。再比如，某天你穿了一件新衣服，突然发现街上有好几个和你"撞衫"的人。如果你是大龄未婚，你会发现周边跟你一样大龄未婚的人不在少数。如果你怀孕了，你也会突然发现身边的孕妇好像增加了......

平时你不怎么注意的事物，当你突然关注的时候，发现原来它们都非常多见。

“视网膜效应”的启示

之一：觉察自身不良情绪

生活像一面镜子，你对着它笑，它就对你笑；你对着它哭，它也对你哭。这可不是什么心灵鸡汤，而是生活中大量“视网膜效应”实例的证明。

如果平时你总听到周边的人在抱怨，也许说明你自己也是一个爱发牢骚的人；如果你觉得周围的人对你都不友好，可能意味着你自己脾气糟糕、对他人的态度不够友善；如果你觉得你的伴侣不够爱你，就要反思自己是否足够爱对方，或者认真表达过对伴侣的爱和尊重......

我们感受到的大部分负面情绪，很可能是我们自己先制造出来的。当我们喋喋不休地抱怨人生不顺利、工作不如意、家人不理解的时候，当我们产生失落、悲观、空虚、无助、焦虑、愤怒等消极情绪的时候，你需要立刻警觉起来，是不是因为自己身上有着一些“暗黑属性”？比如自卑孤僻，不敢也不善与人交往，沟通能力不足引发误解重重，害怕面对失败的自己，对人生价值产生怀疑等，自己像个负能量磁极一样，主动或被动地吸引负能量，最终把自己变成一个缺少自信又怨气冲天的人。

之二：更多关注自身优点

美国著名人际关系学大师卡耐基曾经说过，一个人特质中大约有80% 是优点，20% 是缺点。如果我们只紧紧盯着自己那 20% 的缺点，

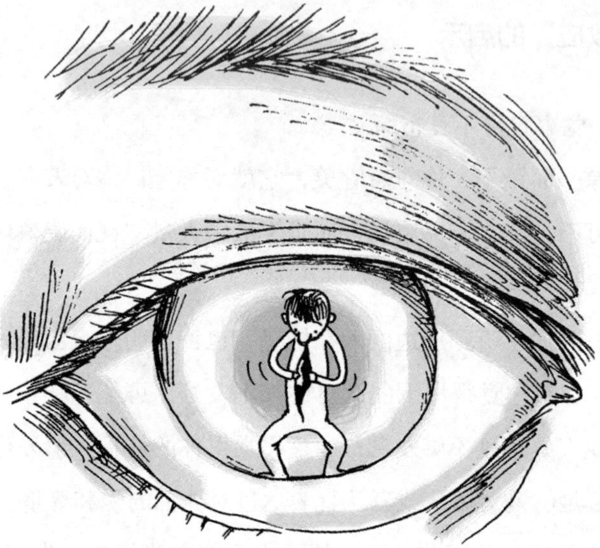

心理学中的“视网膜效应”可以被解读为，你心中在想些什么，你眼中看到的外部世界就是什么。它也可以被引申解读为，你有什么样的心态，就会以这种心态解读你面前的人和事。

选择性忽视自身的优点，根据“视网膜效应”，你一定会发现，自己周边的人几乎都有着这样那样的不足，你对别人的优点进行了选择性忽视，因此看谁都是一身毛病。日积月累下来，你的人际关系也会变得极为糟糕，最关键的是，你自己觉得人生非常不快乐。

所以，我们一定要更多关注自己那 80% 的优点，尽量忽略自己的缺点，这样你看别人也是更多看优点。慢慢地，你会发现自己的人际关系在潜移默化中开始改善，当你以一颗包容之心欣赏和接纳周围的人时，周围的人也开始用正能量回馈你的善意。

希望你在未来的日子变得更加积极，看待过去的时候停止抱怨，更多地看自身的优势和别人的长处。然后，你会发现，这个世界变得如此可爱！

手相、星座、塔罗牌，为什么你会相信它们?

朋友圈里收到这样一条微信:“快来团购解锁 2018 年运势”。点开页面，你便能醒目地看到：原价 38 元，4 人成团，团购价 18 元 / 人。瞧，以前街边看手相的算命小摊，现在也乘着互联网的东风，开启团购模式了!

在朋友圈，你可能也会时不时看到譬如“看星座知命理”“看星座找对象”“看完你就更懂某某星座的女人 / 男人了”等吸引人的标题，还伴随着各种肯定性评论:“妈呀，这个太可以了，句句都是读心术啊!”

就连我自己外出讲座的时候，也不止一次地遇到学员问我: 王老师，你是哪个星座的？你相信星座吗？心理学有没有研究星座的分支啊?

东方的面相、手相、生辰八字，西方的星座、水晶球、塔罗牌，尽管算命的具体方式和结果解读存在明显的文化差异，但似乎不同文化背景中的人都以某种形式表达对神秘莫测“命运”的好奇和探索。

为什么大家如此热衷，而且多数人还会“深信不疑”呢？其实，这里面隐含着多项心理学的研究发现，且听我慢慢道来。

原因一：巴纳姆效应

巴纳姆是一位很受欢迎的著名魔术师，他曾经为自己的成功总结了一个公式：节目中永远有一个点对每个人都适用。换言之，节目之所以受欢迎，是因为节目中包含了每个人都喜欢的成分，所以每一分钟都有不同的人“上当受骗”。

“巴纳姆效应”由此得名。它指的是，人们常常认为一种笼统的、一般性的人格描述能够“十分准确”地揭示自己的特点。

请看下面这一段关于人格的描述，看你能不能在其中找到自己的影子？

你很需要别人喜欢并尊重你；你有自我批评倾向；你有很多可以成为优势的能力尚没有发挥出来，同时你也有一些缺点，不过你一般可以克服它们；你与异性交往有些困难，尽管外表上显得很从容，其实你内心焦虑不安；你有时怀疑自己所做的决定或所做的事情是否正确；你喜欢生活有些变化，厌恶被人限制；你以自己的独立思考而自豪，别人的建议如果没有充分证据你不会接受；你认为在别人面前过于坦率地表露自己是不明智的；你有时外向、亲切、好交际，而有时则内向、谨慎、沉默；你的有些抱负往往很不现实。

估计很多人看完这段材料，第一感觉就会认为——这描述的就是我自己啊！

其实，这段材料是心理学家在实验中展示给被试者的，目的是让他们判断这种人格描述是否适合自己。结果显示，对于上述笼统的、几乎适合于任何人的话，很多被试都认为自己正是材料中所描述的那样，材料中描述的性格简直太匹配自己了。

关于这种自我认知的效应，心理学家曾经还做过一个实验，研究者给一群被试做过人格测评量表后，给被试出示了两份结果（一份是被试自己的，另一份则是很多人回答的平均结果），让被试判断哪一份是自己的。结果，大多数参加实验的人都认为后者更准确地表达了自己的人格特征。

以上两个实验都有力地证明了，人们更容易相信一个笼统的、一般性的人格描述，即使这种描述是空洞的，但他们仍然会认为这种描述准确地反映了自己的人格面貌。

而手相、星座、塔罗牌等算命方式所预测的内容，通常没有准确的指向，而是一种方向性的预测，恰恰符合这样的特点。这也就难怪很多人会对算命深信不疑了。

原因二：正例谬误效应

“正例谬误效应”是指人们由于只关注与自己期望相符的信息、而忽略其他不符的信息所产生的知觉错误。换言之，就是人们在认知加工时，存在主观选择性，倾向于记下符合自己期望的，而选择性忽略掉不合自己心意的信息，因此就会产生这些信息“描述准确”的错觉。

我们知道人格是一个多维度的概念，哲学上把人看成一个矛盾的统一体。所以，我们的认知和行为在不同情景下会表现出极大差异，比如，你可能有时候很挑剔，有时候又很随和，这都是真实的你。可是，当你看到星座算命结果“你是一个很挑剔的人！”时，你的大脑就开启了“疯狂搜索模式”。我是一个挑剔的人吗？是啊，我从来不吃香菜，每次去理发店对新发型总是不满意，我从来不去路边小店吃饭，一件衣服绝对不会连续穿两天，每天都要用抹布擦洗灶台，对工作的细节非常在乎……各种挑剔的场景开始源源不断地被“搜索”出来，陆续浮现在脑海里。与此同时，你忽略掉的是各种不够精细的生活事件，比如你不出门就不洗澡，挑选袜子的时候从不考虑颜色，吃东西生冷不忌，办公桌上一片狼藉等等。

由于正例谬误效应的影响，大脑能够帮你找出一大堆支持“你是一个很挑剔的人”的事例，同时不自觉地忽略掉不符的信息。于是，你深深地震惊了，“原来我竟然是一个如此挑剔的人，以前竟然没有发现！”进而开始感慨：“这测试也太准了，果然是一个了解自己的好工具！”进而开始相信算命：“能把我的现状分析的这么准，一定也能精准地预测我的未来。”

给你推荐一个小妙招，证明“正例谬误效应”的存在。你可以选择一个其他星座的描述和预测，你会惊讶地发现，其他星座的预测也能与你的情况相符合，因为当你看到某种文字描述时候，你的脑海中也会自动搜索证明它的事例。

原因三：自我暗示的影响

大量的心理学研究发现，个体如果受到自我暗示的影响，就会不自觉地按照暗示去做，最后验证“真的好准”。比如，今天你去查看“星座运势”，看到算命大师提醒你“要与人保持距离”。那么，在今天工作中，你可能就会不自觉地按照这个提示去做，一旦出现了一个受益事例（比如因为“与人保持距离”，顺利躲过了一场办公室政治风波），你会立刻认为“大师说得真准！”

而受到上面介绍过的正例谬误效应影响，即使你因为“与人保持距离”而被别人误解，你也会把这件事解读为对方的问题，而不是因为自己“与人保持距离”带来的负面影响。

这种在生活中“被验证”的预测越多，我们对星座和命理就会越相信，下一次得到新的预测结果，又会从生活中寻求事例去验证这一假设，从而不断强化你对星座说的信赖感。

心理学家曾经做过一个实验，他们选择了三组对星座了解程度不一的被试，第一组是某占星学校的学生，第二组是不知道星座为何物的1000 个孩子，第三组被试是对星座了解程度不一的成年人。

测试结果显示，第一组被试的星座和个人性格有非常强的联系，第二组被试的性格和星座没有关系，第三组的成年人越了解星座，他的问卷显示的性格就越靠近占星术的预测。

这意味着什么呢？星座不能预测我们的性格，但是有可能使相信星座的人的性格朝着预测的方向变化。这其实就是自我暗示的力量。

如何对待星座命理？

星座命理学说其实是一把双刃剑。

一方面，它能帮助我们快速建立一定的人际关系，比如两人因为同样的星座而倍感亲近；它也可以在你遭遇受挫的时候，帮助你将行为合理化，带来一些心理安慰。

但是，如果星座命理学说已让你痴迷到迷信程度，你可能会不自觉地做出一些啼笑皆非的行为。比如，你是处女座的单身女性，因为星座预测“处女座女生与金牛座男生的匹配度为 100%”，所以就算身边有个射手座的男生很不错，对你也很有好感，可你就是置之不理，“因为星座上说射手座男性花心”，于是你执着地等待某个未知“金牛男”出现。

对于大多数人来说，星座命理学说仅仅是消磨时间的有趣方式。但是，如果不假思索地全盘接受，我们的人格特点就会不自觉地在预期下发展某星座的一些特质，进入自我预期—自我验证—自我设限的死循环。

我们写这些的目的，不是为了“打倒”星座命理学说的“信徒”，而是帮助读者朋友去分析，为什么你会越来越相信星座命理，这其中隐藏着哪些生活现象和心理学规律，同时提醒你不要被星座命理的预言限制了自我发展和自我改变的可能。

走近抑郁症

最近，我身边认识的两个家庭中，先后出现了抑郁症患者，一个是中度抑郁，另一个是重度抑郁。问起他们的家人，才知道其实持续的情绪低落状况及症状已经出现了几个月，只是家里人“谁都没往那方面去想”。

很多时候，人们会把“抑郁”当成是“郁闷”，以为仅仅是心情不好，过几天就没事了，或者把抑郁称作“情绪感冒”。实际上，抑郁远没有感冒那么流行，也不像感冒那样简单地扛一扛就能痊愈。这些理解上的偏差，反而会让患者和家人忽视抑郁症状，有的甚至会因此失去生命。

2017 年世界卫生日关注的正是抑郁症。根据世界卫生组织公布的数据，目前全球有 3 亿多人正遭受抑郁症困扰。而在我国，由于大多数人对抑郁症认知不足，并存在诸多误区，抑郁症就诊率还不足 10%。

这也正是我撰写本文的原因，希望让更多的人对抑郁症有一个科学、清晰、准确的理解，既不要谈“抑郁”色变，也别不当回事，及时觉察，及时干预。

千万别小看抑郁症

2000 年悉尼奥运会直播获得了巨大成功，央视名嘴白岩松在感受到荣耀的同时也陷入了艰难的低谷期，淡出公众视野长达一年之久，体重从 80 公斤降至 55 公斤。白岩松曾描述那段时间的自己：“那时候我对任何事情失去兴趣，非常糟糕的失眠，有强烈的悲观感绝望感，一种深深的失望。你想想，我和夫人是用笔来沟通，你就知道我到了什么地步，天天想的就是自杀。”

而以“冷幽默”著称的央视名嘴崔永元也是严重抑郁症患者，有强迫症倾向的大 S 徐熙娣也曾在节目直播中说“我好想拿刀杀死我妈”。她同抑郁症斗争了很多年，而张国荣更因抑郁症而自杀……

这些全是大家耳熟能详的公众人物。当人们关心“抑郁”时，往往因为这个词与自杀联系在一起。公众人物因抑郁自杀的案例并不少见，抑郁在普通人中也有相当高的发生比例。

我的一位医生朋友遇到了下面这个案例。

一位年轻女士来到心理门诊，她的父亲抱着她不到 1 岁的可爱女儿。经过详细的询问和测查，医生诊断她为抑郁症。用药一段时间后，祖孙三代再次来到门诊，看起来患者病情明显缓解。但是，几个月后，不幸还是发生了。这位患者随意减药停药，没多久就病情复发。这次除了抑郁加重以外，焦虑、失眠比以前更加频繁，她整日坐立不安、心乱如麻。儿子上学不听话、被老师批评这样的小事，也让她觉得寝食难安，如同大祸临头。

在家人的陪伴下，她再次来到医院，医生建议住院或采用物理治疗。但患者的丈夫觉得没有必要，开了药就回去了。几天后的一个夜晚，患者在厨房用儿子的红领巾结束了自己的生命。

这个悲剧很让人痛心，两个孩子就这样永远地失去了母亲。从案例中可以看出，抑郁症就像在水潭中蹚水前行，走得越远，水就越深，危险也就越大，不知道走到哪一步就会坠入水下深坑，万劫不复。

抑郁症的可怕之处，在于它有时可以战胜人性中伟大至极的母爱，如上面案例里的那位女士。

再来看另一位生完孩子后出现了产后抑郁的年轻妈妈。她经常心情不好，觉得自己没有能力带孩子，自己的生活没有前途和希望，认为活着就是一种负担，未来还会有更多的困难和压力。她更担心襁褓中的孩子也会遇到这样的痛苦。于是，在万念俱灰之后，她抱着孩子一起跳河，以免自己死后孩子一个人在这个世界上受罪。

专业上，这样的行为被称为扩大性自杀，是抑郁症最为严重的后果。

抑郁是一种心境障碍

对于抑郁，我们需要一个清醒的认识。而要说清抑郁，必须要先明确两个概念：情绪和心境。

情绪是对客观事物的主观体验。比如，遇到好事就高兴，遇到坏事就生气，高兴、生气等这些由具体原因带来的短暂感觉体验就是情绪。

心境是情绪的背景、底色或基调，是一种相对稳定持久而又不是很强烈的情绪状态。比如，有的人会觉得有段时间看什么都顺眼，干什么都有劲儿，那么可以说他的心境很好。当然，即使心境很好，该有的喜怒哀乐也都会有。

也就是说，情绪是具体的、短暂的、鲜明的，而心境则是持久的、稳定的、相对隐蔽的。如果把情绪比喻成水面的浪花，那么心境就是浪花下面涌动的暗流。如果把情绪比作一天的气温，那么心境就是一个季节的气候。

抑郁的时候，真正出问题的是心境，而不只是情绪。一个人一时心情不好，可以说自己很郁闷。但如果心境持续低落，那就是抑郁了。所以在专业分类上，抑郁的归属是心境障碍。

抑郁为什么会发生呢？

在人体脑内，存在着某些化学物质（比如五羟色胺），它在某个部位的浓度降低了，这个时候人的内心体验和外在表现就是抑郁。至于这个浓度降低是怎么发生的，机制还不完全清楚。可能与脑内的某些神经内分泌变化有关，也可能与季节气候有关，也可能与某些基因有关，但不足以解释为什么会导致抑郁。

生活中，每个人都会遇到一些负面事件。但是，遭遇负面事件，并不意味着抑郁一定发生，它仅是一个诱发因素。由于个人心理的平衡能力不同，有的人情绪低落一段日子就恢复了，有的人则越来越严重，从一般心理问题一步一步发展到抑郁发作。

即使没有负面事件，也可能患上抑郁症。有位老年的抑郁患者就曾经说过，我现在什么负担都没有，孩子都工作了，也很孝顺，退休工资也很多，我怎么会抑郁呢？可是抑郁的发生，可能有诱发因素，也可能没有。抑郁作为一种心理疾病，完全可以是内源性的，与外部环境无关。

往往有人会把抑郁当作是想不开。可是，抑郁不仅仅是想不开，不仅是某些心理因素导致的情绪波动，而是一种心理疾病，比心理问题要更严重一些。心理问题并不同等于心理疾病。

抑郁发作时，人有哪些表现？

那么，抑郁发作时，人都有哪些表现？通过这些表现，我们可以警惕自己是否真的“抑郁”了，并及时发现、及早治疗。

第一，心情像是被冷冻。抑郁发作时，心情就像进入了冬季，整个气候都是寒冷的。有的人会觉得心烦，干什么都没意思，对什么都没兴趣，还会莫名地感到委屈、难过，总想哭；有的人会觉得疲乏无力，精

情绪是对事物的主观体验，是具体的、短暂的、鲜明的。而心境是情绪的背景、底色或基调，是一种相对稳定、持久而又不是很强烈的情绪状态。如果把情绪比喻成水面的浪花，心境就是浪花下面涌动的暗流。抑郁的时候，真正出问题的是心境，而不只是情绪。

神倦怠，身体跟抽空了一样；有的人本来能言善道，却变得不爱说话，不爱出门，不愿见人，见了人也觉得脑子里空空的，不仅没什么话说，还觉得自卑、不自在。当然，上面的各种感觉也可以同时出现在一个人身上。

第二，睡眠出现问题。抑郁发作时，最常见的一种生理表现就是睡眠出问题。一是难以入睡，有的人躺在床上辗转反侧，脑子里特别乱，经常不由自主地回想以前的一些事情，而回忆的内容通常又是不开心、不愉快的。二是经常早醒，好不容易睡着以后，可能三四点钟就醒了，实在睡不着只能看书或看电视打发时间，到了该起床上班的时候，又特别地被动，不愿起床，心情也更糟糕。

第三，感觉一切都不好了。往日热爱的工作，现在也没有了动力和热情，甚至想辞职；勉强工作的时候，又发现脑子就像一团浆糊，木木呆呆的，坐在电脑前半天反应不过来；记性也变差了，经常忘记重要的会议或安排，以致工作效率非常低下；而且外出跟朋友见面的兴趣也越来越弱，总觉得干啥都没劲儿、没意思透了。这个时候，抑郁的人更容易自责，会觉得前途黯淡、希望渺茫，严重抑郁的时候，还总想轻生，质疑自己活着的意义和价值。

容易抑郁的人群

产后抑郁在临床上并不少见，但只要及早发现、及时治疗，也是可以控制的。那英、叶一茜都坦承自己曾患产后抑郁，但她们在荧屏上爽朗的笑声向我们宣告：产后抑郁完全是可以战胜的。

除了产后，更年期也是情绪不稳定的特殊时段。在更年期后期或更年期过后，由于内分泌的变化，有的人也会出现抑郁。这个时候的抑郁，往往伴有明显的焦虑和身体上的不适，比如头部、腹部、背部等处感到疼痛。

有些年轻女性，为了保持体形而盲目使用减肥药，服用一段时间后，降下来的不仅是体重，还有心境。曾有艺人因为服用减肥药而出现抑郁，继而自杀。有些减肥药会直接或间接地扰乱脑内与情绪有关的化学物质，从而引发抑郁。

生理和心理互相影响，不可忽视身心性疾病。在实际治疗中，我们经常发现，患者在感到身体不舒服的时候，比如厌食、失眠、疼痛等，会到医院就诊，而同时发生的一些情绪症状容易被自己忽视，以为是身体不舒服导致心情不好，这样可能会错过最佳就诊时机，或被误诊。因此，在就诊时，一定不要忽视自己的情绪体验，向医生全面反映自己的身心不适。

除此之外，一些躯体疾病，如糖尿病、脑梗塞、冠心病等慢性疾病，合并出现抑郁的情况也不少见，应引起这类病人及家人的重视。

抑郁需要分级治疗

需要强调一点，不是有点坏心情，就意味着得了抑郁症，这个标签可不能乱贴。人在遇到一些不好的事情，比如失恋、离婚、失业的时候，会出现苦闷、烦恼、压抑、沮丧，这些都是正常的情绪反应。

如果当事人应对不良，情绪反应会继续升级，直至发展为一般心理问题或严重心理问题。虽然这种状态与抑郁体验有一些相似或重叠部分，但一般程度较轻，对心理活动的影响范围不像抑郁症那么广泛。如果程度较重，但还没有达到抑郁症的水平，一般称之为抑郁情绪。

从一般心理问题到抑郁症，就像逐级台阶，严重程度处在不同的等级。如果不好确定的话，可请专业医生进行必要的检查和判断。目前，国内很多三甲医院都设有心理咨询门诊。如果你身边有亲人或朋友出现了情绪或心理问题，但是你们又拿捏不准的话，我建议你们到专业的心理机构确认。

对于轻度抑郁，可以进行心理治疗，同时鼓励积极运动。在医生的指导下进行自我调整，比如多运动，多接触阳光，多做一些让自己愉快的事情，长期坚持，对于抵抗抑郁和改善性格都有很好的作用。

如果经过评估，达到了中度抑郁，则应首选药物治疗。有些患者对药物有顾虑，担心药物的副作用而拒绝服药。其实药物可能会有一些副作用，但和其带来的疗效相比，一般可忽略不计。目前很多新型的抗抑郁药起效快，副作用小，疗效可靠，一般在几周之内即可起效。但维持治疗很必要，过早减药则有较高的复发风险。

经过评估，如果达到了重度抑郁，心理治疗的效果也会比较短暂、有限，应首先选用药物治疗，在病情部分缓解或基本缓解的时候，心理治疗效果最佳。而在其他时间段进行心理治疗，效果相对不明显。

当然，如果患者喜欢并坚持做长程的心理治疗，在抑郁不重的时候也是可以考虑的。有的患者将抑郁归咎于环境因素，坚持调整自我认知、拒绝服用药物。其实，如果抑郁程度较重，自我的力量很虚弱，自我调整不足以达到自救的效果。

一起驱散心灵阴霾

有人将抑郁称为心理感冒，其实抑郁既不像感冒那样可以不治而愈，也不像感冒那样好了就可以停药。治疗抑郁，需要专业医生指导、药物帮助和自身改变这三个方面共同进行。

有些人患抑郁症后离我们而去，但更多的人在积极治疗之后，继续健康地生活。有位曾患过抑郁症的歌星勇敢地担任起抗抑郁的形象大使，他用真实的经历告诉我们：抑郁虽是心灵阴霾，但只要正确对待，终有拨云见日的一天。

附：抑郁自评量表（SDS）（含评分标准）

填表注意事项：

以下描述列出了有些人可能出现的问题。请你仔细阅读每一条，根据最近一星期内你的实际感觉，选择最符合你情况的描述。

1. 我觉得闷闷不乐，情绪低沉。

a. 很少有　b. 有时有　c. 大部分时间有　d. 绝大部分时间有

2. 我觉得一天之中早晨最好。

a. 很少有　b. 有时有　c. 大部分时间有　d. 绝大部分时间有

3. 我一阵阵地哭出来或者觉得想哭。

a. 很少有　b. 有时有　c. 大部分时间有　d. 绝大部分时间有

4. 我晚上睡眠不好。

a. 很少有　b. 有时有　c. 大部分时间有　d. 绝大部分时间有

5. 我吃的跟平常一样多。

a. 很少有　b. 有时有　c. 大部分时间有　d. 绝大部分时间有

6. 我与异性密切接触时和以往一样感到愉快。

a. 很少有　b. 有时有　c. 大部分时间有　d. 绝大部分时间有

7. 我发觉我的体重在下降。

a. 很少有　b. 有时有　c. 大部分时间有　d. 绝大部分时间有

8. 我有便秘的苦恼。

a. 很少有　b. 有时有　c. 大部分时间有　d. 绝大部分时间有

9. 我心跳比平时快。

a. 很少有　b. 有时有　c. 大部分时间有　d. 绝大部分时间有

10. 我无缘无故感到疲乏。

a. 很少有　b. 有时有　c. 大部分时间有　d. 绝大部分时间有

11. 我的头脑跟平常一样清楚。

a. 很少有　b. 有时有　c. 大部分时间有　d. 绝大部分时间有

12. 我觉得做以前经常做的事并没有困难。

a. 很少有　b. 有时有　c. 大部分时间有　d. 绝大部分时间有

13. 我觉得不安而平静不下来。

a. 很少有　b. 有时有　c. 大部分时间有　d. 绝大部分时间有

14. 我对将来抱有希望。

a. 很少有　b. 有时有　c. 大部分时间有　d. 绝大部分时间有

15. 我比平常容易激动。

a. 很少有　b. 有时有　c. 大部分时间有　d. 绝大部分时间有

16. 我觉得做出决定是容易的。

a. 很少有　b. 有时有　c. 大部分时间有　d. 绝大部分时间有

17. 我觉得自己是个有用的人，有人需要我。

a. 很少有　b. 有时有　c. 大部分时间有　d. 绝大部分时间有

18. 我的生活过得很有意思。

a. 很少有　b. 有时有　c. 大部分时间有　d. 绝大部分时间有

19. 我认为如果我死了别人会生活得好些。

a. 很少有　b. 有时有　c. 大部分时间有　d. 绝大部分时间有

20. 平常感兴趣的事我仍然照样感兴趣。

a. 很少有　b. 有时有　c. 大部分时间有　d. 绝大部分时间有

评分标准：

SDS 的总分等于各条目得分之和，评定采用 1~4 记分制，评定时间范围为过去一周内。比如：选 a，记 1 分；选 b, 记 2 分；选 c，记 3 分；

选 d，记 4 分。

其中第 2、5、6、11、12、14、16、17、18 和 20 题为反序记分。即，这几个题，选 a，记 4 分；选 b, 记 3 分；选 c，记 2 分；选 d，记 1 分。

SDS 的评定结果以标准分来定（把各题的得分相加得总分，总分乘以 1.25，四舍五入取整数即得到标准分）：

标准分小于 50 分为无抑郁；

标准分大于等于 50 分且小于 60 分为轻微至轻度抑郁；

标准分大于等于 60 分且小于 70 分为中至重度抑郁；

标准分大于等于 70 分为重度抑郁。

抑郁评定的临界值为 50 分，分值越高，抑郁倾向越明显。

焦虑症，离你有多远?

工作室曾来过一位叫晓君（化名）的女性，经她同意，我把她的经历与各位读者朋友分享，希望借此可以帮助我们更好地认识、理解焦虑和焦虑症。

晓君和先生是大学同学，毕业后结婚，两人感情一直很好。3 年前，她辞职下海创业，丈夫很支持，拿出家中的 150 万积蓄作为创业启动资金。结果，事与愿违，不到 2 年时间，创业失败，家中积蓄也所剩无几。晓君觉得很愧疚，很受打击，在家人的劝说下，她决定在家休整 3 个月。可是就在这短短的 3 个月，她出事了。

某一天，先生忘记带手机去上班，而她凑巧在手机里发现了一条措辞暧昧的短信，她愤怒地跑到公司找丈夫对质，结果发现是一场误会，那条短信是公司的一位男同事发的。

她觉得自己把这辈子的脸都丢尽了，灰溜溜地回了家。丈夫虽然有些生气，但还是原谅了她。可是从这天开始，晓君开始每天晚上做噩梦，梦里都是丈夫抛弃她的各种场景，白天在家里忧虑不安、紧张害怕、胡思乱想、顾虑重重，总觉得某天丈夫到家就会跟她谈离婚，惶惶不可终日。

家人发现了她的异状。为了打消她的顾虑，丈夫赌咒发誓说自己不会抛弃她，公公婆婆也保证她是他们唯一承认的媳妇，身边的闺蜜也多次劝解，她尽管嘴上说“我放心了，不会乱想了”，可就是不能真正释怀，自己也非常痛苦纠结。

随着症状越来越严重，她甚至不能看到电视剧中出现婚姻破裂的剧情，一旦看到就会出现呼吸困难、心跳加快、手心出汗、尿频尿急等症状，一般持续 10 多分钟，最严重的一次持续了 30 分钟。“我感觉自己当时就快要死了，整个人发疯似地尖叫，我当时觉得不尖叫就会被憋死”。晓君在说到这一段的时候，手指还有些神经质的轻微抖动。

显然，晓君的情况属于严重的焦虑发作，学术上称为“惊恐发作”，多见于焦虑神经症（简称焦虑症）。

焦虑和焦虑症的区别

1894 年，西格蒙德·弗洛伊德发表了一篇论文，主张从神经衰弱里分出一个特殊的综合征：焦虑神经症。这标志着大规模研究焦虑的开始。

124 年后的今天，我们提起的“焦虑”，其实包含了两种不同的含义：一种指焦虑情绪；另一种特指精神病理学中的“焦虑症”。

“焦虑”作为一种情绪体验，通常会因为生活中某些刺激源的出现而引发，比如考试前的焦虑，工作任务重、时间紧引起的焦虑，被父母逼婚引起的焦虑等。它是个体预期某种情境会对他的自尊心构成潜在威胁，而产生的不安、忧虑、紧张甚至恐惧的情绪状态。

焦虑是一种信号，是一种自我保护性反应，其意义是提醒个体即将有危险来临。自我只要察觉到真实的或潜在的危险便会引起焦虑。而在焦虑产生之后，又会启动心理防御机制来斗争或躲避。

比如，为了消除考前焦虑和工作焦虑，你会废寝忘食地努力学习或完成任务，积极做能减轻焦虑的事情。再比如，你可能在春节长假选择去欧洲旅行，而不是回家过年，以躲避父母逼婚引起的焦虑感。这些焦虑和应对焦虑的方法，都是正常的。

当焦虑的严重程度和客观事件明显不符，或者持续时间过长，就变成了病理性焦虑，若符合临床上的相关诊断标准，就会被诊断为“焦虑症”。

焦虑症很常见，国外报告一般人口发病率在 4% 左右，占精神科门诊的 6%~27%。可起病于任何年龄，多见于 40 岁以前。起病可急可缓，病前常有心理或躯体方面的诱因，男女发病的比例为 2 : 3。

正常人的焦虑是人们预期某种危险或痛苦情景即将发生时的一种适应反应或为生物学的防御现象，是一种复杂的综合情绪。而病理性焦虑是一种控制不住的、没有明确对象的恐惧，客观事件的威胁性与焦虑程度很不相符。

上文提到的晓君，就属于焦虑症，而不是焦虑情绪，因为晓君的表现与焦虑症的诊断依据相吻合。

如何判断焦虑症？

著名发展心理学家、神经科学家马克·刘易斯（Marc Lewis）认为，作为病理现象的焦虑症，应包括如下 5 个特点：

第一，基本的情绪状态是害怕，如提心吊胆、忐忑不安，甚至感到极端恐怖。

第二，感到不愉快和痛苦，严重的时候会有一种大难临头，或马上就要虚脱昏倒的感觉。

第三，指向未来，预料未来有某种威胁或危险。

第四，患者预料的危险与实际情况不符，实际上可能没有任何威胁

“焦虑”作为一种情绪体验，是一种自我保护反应的信号，其意义是提醒个体即将有危险来临。而病理性焦虑是一种控制不住的、没有明确对象的恐惧，焦虑的严重程度或持续时间与客观事件的威胁性明显不符。

和危险，或者用合理的标准来衡量，诱发焦虑的事件的威胁程度与患者焦虑的严重程度不相称。作为伴侣，我们都不希望另一半抛弃我们，但是晓君的反应显然是过度的，她焦虑的严重程度与事件的危险程度并不一致。

第五，除了焦虑的情绪体验，还伴有躯体不适感、精神运动性不安和植物神经功能紊乱。精神运动性不安主要表现为坐立不安、来回走动，甚至奔跑喊叫，也可能表现出不自主的震颤或发抖。伴有身体不适感的植物神经功能紊乱更多表现为出汗、口干、嗓子发堵、胸闷气短、呼吸困难、竖毛、心悸、恶心呕吐、尿急、尿频、头晕、两腿无力、脸发红或发白等。

需要注意的是，若没有不安和恐惧的内心体验，只是单纯身体上出现了上述症状表现，不能视为焦虑症。同样，只有焦虑的情绪体验而没有运动和植物神经功能的任何表现，也不能视为焦虑症。

比如，因为马上要考试了，你感觉很紧张很焦虑，担心自己考不好，但若没有上述生理上的任何表现，就不能判定你有“焦虑症”，只能说明你有“焦虑情绪”。

焦虑的分类

在临床上，倾向于将焦虑症分为以下几种：

第一种是惊恐发作，这是一类急性发作的强烈焦虑，患者会感到危机即将来临，体验到强烈的恐惧，并产生逃离冲动；同时伴随出现各种躯体症状和认知症状，如心悸、出汗、震颤、呼吸困难或窒息、胸痛或不适、头昏或感到头重脚轻、害怕自己失去控制或会“发疯”，感觉异常，有濒死感，会发冷、打寒颤或发热。

第二种是无名焦虑或广泛性焦虑，这是一类没有原因的、不限于特殊场景的广泛而持久的焦虑。个体预感有一种迫在眉睫的、不可避免的危险，但又说不清楚危险来自哪里；同时，个体怀疑自己是否有应对这种即将来临的危险的能力。症状表现包括：警觉性增高、心跳加快、有窒息感、感到胸部堵塞感或不适、恶心或胃部不适、出汗、面色潮红或苍白、震颤等。

第三种是预期焦虑，即患者因预期自己会再次面临某种令人害怕的情境而出现的焦虑。例如：一个有惊恐障碍的患者，会担心自己的惊恐再次发作，或者一个有社交恐惧症的患者对即将来临的社交场合十分担心，这都属于预期焦虑。

第四种是忧虑性期待焦虑，即患者由于过分担心自己或亲友会发生不幸而产生焦虑，或由非现实威胁而引起的焦虑。他们常常有恐慌预感，整日忧心忡忡、心烦意乱、坐卧不宁，其焦虑的严重程度与现实中诱发焦虑的事件本身的危险程度很不相称。

第五种是道德性焦虑，此时威胁来自于超我，个体会因为自己的某些行为而体验到羞耻感和罪恶感。我曾经遇到这样一位来访者，他是大学老师，偶然间看到了自己一位女学生的裸体，产生了生理反应。虽然他立刻离开了那个场景，但他却为自己曾有的生理反应而感到极度羞耻，进而出现了一系列的焦虑症状。一般来说，道德标准比较高的人，更容易体验到道德性焦虑。

焦虑程度因人而异

由于每个人的人格特点各不相同，在相同的情境中，情绪反应的频度和强度也有很大差异。有一些情景会让一部分人产生强烈焦虑，而另一部分人可能仅仅是轻微焦虑而已，甚至完全不焦虑。比如，与陌生人相处的时候，有的人就会特别不自在，而有的人则游刃有余、适应良好。

按照焦虑水平，通常可分为高焦虑者、中度焦虑者和低焦虑者。我们以学习为例，详细解释一下这三种人的差异。

高焦虑者由于学习动机过强，抱负过高，对学习过程中的人际因素和环境因素过于敏感，学习的责任心强，但学习情绪不稳定，容易急躁。而且，在考试之前，高焦虑者更容易出现失眠、多梦、头晕、心烦意乱等躯体和认知症状。

中度焦虑者能理性地把握学习环境中的主客观因素，正确地认识和处理学习目标、学习能力和学习条件之间的相互关系，把自己的学习动机和抱负水平调整到恰当的水平，学习情绪稳定，学习成效高。

低焦虑者学习动机弱，目标不明确，学习责任感不强，因而学习行为比较放松，容易受到外部诱因和偶发因素的影响。

有研究表明：中等水平的焦虑有利于学习效率的提高，而过低或过高的焦虑水平对学习都会产生不利的影响。就好像在学校中，考试之前特别紧张或者特别无所谓的孩子，成绩一般没有既紧张复习又情绪稳定的孩子优秀、稳定。

焦虑也是有价值的

德国精神病学家葛布萨特尔（Gebsattel）曾说过："没有焦虑的生活和没有恐惧的生活一样，并不是我们真正需要的。"也就是说，一定程度的焦虑是有用的和可取的，甚至是必要的。

焦虑可以提升个体的动机水平。比如，快高考了，几乎绝大多数的高三考生都会产生焦虑感，也正是在这种感觉的驱使下，他们会激活动机系统，血液内肾上腺素浓度增加，废寝忘食、拼尽全力。就像上面说的那样，中等水平的焦虑有利于学习效率的提高。从这个角度来说，焦虑是有价值的。

焦虑还可以增强个体的创造性。强烈的焦虑并不总是消极的，比如，丹麦哲学家克尔凯郭尔（Kierkegaard）一生饱受焦虑症的折磨，他本人因为严重的焦虑情绪爆发出了耀眼的思想火花，发表了多部专门讨论焦虑的专著，成为一代宗教哲学家、心理学家和诗人。

治疗建议

正如前面谈到的，焦虑是人们对情境中一些特殊刺激而产生的正常心理反应，只是每个人经历的时间长短或程度轻重不同。

从这个角度来说，焦虑情绪是人类的一种自然情绪，只要没有影响正常的生活、学习和工作，它具有一定的积极意义。而且如果随着特殊刺激的消失，焦虑情绪也随之明显减弱或消除，那么这种焦虑不需要特别治疗。

只有当焦虑原因不存在或不明显，焦虑症状很突出，持续时间及严重程度均超过一定范围，以致影响了正常的生活、学习和工作时，才可以认为患了焦虑症。此时，就需要到正规的、专业机构去做心理健康水平测评。

常用的测量工具是社会焦虑量表（SAS），请见本文末。如果你的测量得分超过 50 分，就说明有焦虑症状；分值越高，说明你的焦虑症状越严重。具体来说，50~59 分为轻度焦虑，60~69 分为中度焦虑，70 分以上为重度焦虑。

我们的建议是，轻度焦虑可以通过自我调整来缓解，中度到重度的焦虑则需要接受心理咨询，甚至需要在医生指导下服药治疗。

如今，我们每个人都会遇到各种压力事件，产生不同程度的焦虑情绪。希望这些能帮助你自己和身边的人正确认识焦虑，及时觉察焦虑症状，早发现、早干预、早治疗，早日拥有健康心理和幸福生活！

附：焦虑自评量表（SAS）（含评分标准）

填表注意事项：

下面有二十条描述，请你仔细阅读每一条，根据你最近一星期的实际情况在相应的选项上画“√”。

	没有或偶然	有时	经常	持续
1. 我觉得比平时容易紧张或着急。	1	2	3	4
2. 我无缘无故在感到害怕。	1	2	3	4
3. 我容易心里烦乱或感到惊恐。	1	2	3	4
4. 我觉得我可能将要发疯。	1	2	3	4
5. 我觉得一切都很好。	4	3	2	1
6. 我手脚发抖打颤。	1	2	3	4
7. 我因为头疼、颈痛和背痛而苦恼。	1	2	3	4
8. 我觉得容易衰弱和疲乏。	1	2	3	4
9. 我觉得心平气和，容易安静地坐着。	4	3	2	1
10. 我觉得心跳得很快。	1	2	3	4
11. 我因为一阵阵头晕而苦恼。	1	2	3	4
12. 我有晕倒发作，或觉得要晕倒似的。	1	2	3	4
13. 我吸气呼气都感到很容易。	4	3	2	1
14. 我的手脚麻木和刺痛。	1	2	3	4
15. 我因为胃痛和消化不良而苦恼。	1	2	3	4

	没有或偶然	有时	经常	持续
16. 我常常要小便。	1	2	3	4
17. 我的手脚常常是干燥温暖的。	4	3	2	1
18. 我脸红发热。	1	2	3	4
19. 我容易入睡并且一夜睡得很好。	4	3	2	1
20. 我做噩梦。	1	2	3	4

评分标准:

评定时间范围为过去一周内。

将 20 个题的得分相加，得到原始总分，总分乘以 1.25 取整数，即得标准分。

标准分低于 50 分为正常;

50~60 分者为轻度焦虑;

61~70 分者是中度焦虑;

70 分以上者是重度焦虑。

注意：关于焦虑症的临床分级，除参考量表分值外，主要还应根据临床症状。量表分仅能作为一项参考指标而非绝对指标。

第二章

直面原生家庭“烙印”，与自己握手言和

送给想爱自己的你

在我十几年的咨询生涯里，遇到了形形色色的来访者，他们有的想找对象，害怕孤独终老；有的认为自己有社交障碍，想要变得更加自信；有的抱怨工作不理想；有的遭遇伴侣出轨、婆媳大战……

其实，作为咨询师，我们并不能替他们去解决问题。心理咨询师最重要的工作，是帮助他们看清自己的认知与行为模式，看清楚问题的本质，从而更好地直面问题、解决问题。

来访者带着各不相同的问题而来，在帮助他们的过程中，话题总是会不知不觉地转到同一个地方——原生家庭。原生家庭是指自己出生和成长的家庭，这个家庭的氛围、习惯、家人互动方式和关系等，都会影响未来的成年生活。

正如美国著名的家庭治疗大师萨提亚所说，一个人和他的原生家庭有着千丝万缕的联系，而这种联系可能影响他的一生。这也是为什么在与不同来访者交谈时，我们总是发现他们当下遇到的困扰或难题，或多或少地都与原生家庭、与家庭成员对待他们的方式密不可分。而一旦帮助来访者认识到这种联系发挥作用的内在机制，很多问题也随之找到了解决办法。

所以，在这一章，对于身边一些常见问题及解决思路，我们将聊一聊原生家庭到底是如何影响你的认知、情感与行为，助你摆脱曾经的负面影响，抚平曾经的创伤。

同时，你现在经营的家庭，正是你孩子成长的“原生家庭”，我们也希望通过这一章，助你自己把握当下的幸福，为孩子的未来幸福奠定扎实的根基。

中国家庭的八种暗伤

20 世纪 70 年代末期，我国开始实施计划生育政策。几十年过去了，当下中国的核心家庭（由一对夫妇及其未婚子女组成）数量越来越多。随着 80 后、90 后陆续进入生育期，越来越多夫妻成为“双独生子女”+“双职业人士”，这就意味着他们很难同时兼顾孩子养育和职业发展。

有的夫妻选择一方做出职业牺牲（通常这个角色由女性扮演），催生了一批“全职妈妈”。随着全面二胎政策的放开，这些刚刚养大一个、肚里又孕育着一个的妈妈，距离曾经的职场打拼越来越远。

更多的小夫妻则选择以事业为重，邀请自己的爸爸妈妈进入新生家庭，骨干家庭（一对夫妇、其父母和未婚子女组成）的数量与日俱增，几乎与核心家庭数量等同，甚至有超越的趋势。

原生家庭和子女组建的新家庭居住在一起时，中国家庭关系普遍存在的 8 种隐患，逐渐浮出水面。新家庭夫妻处在原生家庭的烙印中，努力自拔，却又经常力不从心、困难重重。

第一种，家庭中有一个过度严厉的父亲。

所谓“过度严厉”，是指中国家庭中很多父亲不具备温柔的能力，他们对孩子要求严格，擅长板着脸说教，且批评远多于表扬。

“爸爸，我考了年级第二！”

“那年级第一是谁？”

"爸爸，我考了年级第一！"

"刚刚得了一回第一，你就骄傲了？不许骄傲啊！"

类似的对话，你可能并不陌生。曾有一位咨询来访者，30 多岁的大男人，在咨询过程中泣不成声，"我就不知道为什么得到父亲的一句肯定就那么难！"这是他多年的心结。当他以自己的父亲曾经对待他的方式，去与自己的儿子沟通交流时，他明知不对，却又无法摆脱。

第二种，家庭中有一个过分唠叨的妈妈。

"妈妈很辛苦，但是妈妈很啰唆。"这估计是很多人对母亲最经常的描述。为什么妈妈经常那么唠叨呢？因为在家庭中没有人肯定她的辛苦与付出，妈妈们缺乏来自其他成员的理解与共情。

有的爸爸对待孩子尚且严格如此，对待妻子更是缺少语言上的肯定和赞美，仅仅一句"你很辛苦，带孩子很不容易啊！"这样的话，都可能很长时间未必能说上一次。而一旦孩子出现任何问题，这些爸爸总是习惯性地扔过来一句，"都是你惯的！你是怎么管孩子的！"

所以妈妈们要不断通过说话来证明她的存在价值，证明她对家庭的贡献，证明她尽职尽责地提醒过、批评过、管教过。"我都这么认真管了，再有什么，你可不能说我惯着孩子！"

第三种，家庭里与性有关的话题被严格限制。

"妈妈，我是从哪里来的？"孩子大约在三四岁时就开始打听自己的出处，这是正常心理发展现象。可是这种与性有关的话题，会引起父母的不安，因为父母们自己曾经获取相关信息的方式就是偷偷摸摸地进行。虽然自己曾经不满，但潜移默化地，也会内化这种做法，也觉着这不是可以光明正大教导孩子的事情。

面对孩子的提问，父母的回答经常是，"从垃圾堆里捡来的"，"别人不要，丢在我家门口的"等。虽然这种回答规避了"性"这个话题，却在孩子心里从小埋下了一颗缺乏安全感的种子——"因为我是捡来的，所以随时可能被抛弃”。因此父母威胁孩子最管用的一句话就是，“我不要你了！”殊不知，这句话成为孩子童年心中最大的恐惧。

第四种，把孩子的爱好过度象征化。

孩子的兴趣是与生俱来的，本没有高低贵贱之分，可是很多家长却会从世俗的眼光去评判一种爱好是否有保留的价值。

比如，有的家长曾要求我通过心理咨询让孩子放弃捏泥人的爱好，因为“没前途”“不加分”，当然我拒绝了。

还有的家长觉得，学钢琴就代表高贵、优雅，通过钢琴考级就代表我的孩子打败了别人。曾有一位妈妈满脸骄傲地告诉我，同龄孩子还在为钢琴五级努力的时候，她的女儿马上要参加八级的考试了，而坐在身边的女儿却表示，妈妈答应过她，只要考过八级，就可以不再练琴了。孩子为了以后不再练琴而去参加钢琴考级，恐怕是教育最大的悲哀了。

第五种，把父母的身份过度背景化。

有的父母工作非常忙碌，经常缺席孩子的重要时刻，面对孩子时，他们感到有些愧疚。为了不成为孩子眼中“不称职的父母”，他们会在孩子面前过度说明自己的社会背景。比如，“爸爸是某某公司的大老板，手下雇了几百个员工，所以周末要加班不能陪你踢足球了”。再比如，“妈妈是世界500强公司的高管，正在做一个上亿美金的大项目，马上要出差不能给你过生日了”。这样的表述，一方面说明心虚，害怕自己在家庭中的缺席，使自己在孩子心中不是好父母，所以拼命抬出一堆身份背景来证明自己的成功和价值。另一方面也会给孩子带来不好的信息，那就是“工作的事情比我重要”，结果，效果适得其反。

第六种，越来越多的家庭父弱母强。

这里所说的“父弱母强”并不是男性真的弱于女性，而是在家庭关系中，男性越来越倾向于由女性占家庭的主导地位。正所谓，“我家大事听我的，小事听我老婆的，不过我家基本没啥大事。”母亲更多做出

为什么妈妈经常那么唠叨呢？因为家中没有人肯定她的辛苦与付出，缺乏来自其他成员的理解与共情。妈妈们要不断通过说话来证明她的存在价值，证明她对家庭的贡献，证明她尽职尽责地提醒过、批评过、管教过。

家庭决策（哪怕是小事决策），孩子也会敏感地捕捉到家庭中谁说的算。于是，在 3~6 岁性别认同感形成的时候，男孩子更多地向“弱”父亲认同，在行为举止上更多模仿父亲，而女孩子则倾向于向“强”母亲认同，在行为上更多模仿母亲。于是，我们发现，在幼儿园里面，女孩子欺负男孩子的情形，越来越多见了。

第七种，隔代卷入造成关系混乱。

正常来说，小夫妻结婚后，应该与自己的原生家庭完成分化过程，可是如前面说过的“双独生子女”和“双职业人士”的现实，迫使小夫妻邀请祖辈进入家庭，这就极大稀释了父母与孩子之间的亲子关系，三代人像一锅粥一样黏糊在一起，矛盾日益凸现。对于老人来说，权利和义务极不对等，很多老人嘲讽自己是“自带工资的保姆”。对于父母来说，亲子依恋关系没有建立，孩子与老人的关系比与自己亲，老人惯着孩子，自己还说不得，各种矛盾纠结在一起。对孩子来说，他们要同时面对四五个成年人不同的养育方式，他们充满了困惑。

第八种，有条件的爱造就孩子的爱无能。

常听到有的家长说：

“儿子，你英语考试第一，真棒！”

“女儿，你得了三好学生，你是我的骄傲！”

“孩子，你考上了重点高中，妈妈爱你！”

这些话，初一听，似乎没毛病。可是这种表达方式，会给孩子造成极大的错觉，“父母爱的不是我这个人，而是那个可以给你们带来荣耀、有很多才华、取得很多成就的人。如果我考不了第一、没得三好学生、上不了重点高中，我就是不值得你们爱的。获得你们的爱，是有条件的。”

这种有条件的爱，会造成孩子的爱无能。也就是，当他们长大以后，在接纳自己或是他人的时候，都会带有很多附加条件，比如，“我只有年薪200万，才算成功”，“我只有为这个家庭付出，老公才不会抛弃我”，“你只有给我买了房子，房本上写上我的名字，才代表你爱我”。这种爱无能的人，在我们身边并不少见。

家庭作为社会细胞，随着社会变迁，会出现各种各样的新情况，正如上面我们悉数的八大暗伤。但是，我们是一个注重家庭和情感的民族，我们对家人的爱，深沉而厚重。为了家人，我们愿意让自己变得更加美好。

与父母决裂 12 年后，如何治愈与和解？

一篇名为《北大毕业的美国留学生万字长文数落父母，12 年春节不归决裂，拉黑父母 6 年》的文章曾在网络流传，引发了关于“家庭教育”和“亲子关系”的网络大讨论。

目前看来，评论呈现两极观点。有些网友很有共鸣，理解并鼓励支持王猛，同时翻出自己童年的“黑暗历史”和“苦痛遭遇”，一起向父母们发出声讨。也有些网友批评王猛不知感恩，认为他把责任推给父母，是不成熟和不理智的表现。

我坚信，没有调查就没有发言权。在翻阅了这篇报道的原文，阅读了 10 余篇网络评论，并静心思考了许久之后，我决定动笔写下我的四点思考。

在此，我想以一个纯粹心理学者的中立角度，去解构这个“人人受伤”的三口之家，去思考隐藏在控诉和委屈背后的心理机制。

思考一：思维差异导致沟通鸿沟

心理学告诉我们，一个人的思维方式与其家庭环境、个性特点和生活经历息息相关。

王猛对父母的满腹怨恨不可排解，不得不撰写万字长文以作发泄。

父母直到今天，对儿子为啥对那些凡尘琐事如此念念不忘、耿耿于怀而感到无法理解。当我看到这些时，我便知道，这场亲子大战爆发的根本原因，其实并不在于父母对孩子的不理解，也不是孩子对父母缺少感恩之心，而是双方关注的焦点和归因方式完全不同。这样容易导致面对同样一件事情，双方各自的解读呈现让人瞠目结舌的巨大分歧。

王猛的父母出生于20世纪50年代，那一代人的身上有着鲜明的时代特点，比如遇到事情不愿意麻烦别人，总是自己想办法解决，所以他们经常做内归因，就是从自己身上找原因。而从王猛的万字长文中，我们可以很清晰地判断出，他是一个外归因的人，就是说在遇到事情的时候，更习惯从外部环境找原因。

举个例子。王猛说，他上高二时，希望父母跟校方反映一下学校的学习环境不好。而父亲当时不仅没有这样去做，反而告诫他，“你必须学会跟任何人相处。”在父亲看来，当儿子与环境不相容时，应该是儿子自己主动做出改变，学会与环境相处，哪怕环境中的某个人不好相处。这种处理方式不是父亲刻意要拒绝儿子的要求，而是他觉得“改变自己去适应环境”才是正确的做法，因为父亲自己就是这样走过人生的，这就是他的思维方式。

但是，在王猛看来，父亲的这种做法，就是毫不顾及他的感受。所以，他认为，他周围学习环境差，不是自己的原因，而是父亲不去找学校导致的。他十余年来以决绝姿态离开家庭，不是自己找不到与父母和平共处的方法，而是他认为，这是父母对他持续伤害的结果。离开家庭，不是王猛刻意去逃避责任，或者单纯发泄情绪，而是他的这种归因方式带来的结果。

王猛的母亲在接受采访时说，“搞不懂他是啥原因”，到如今都不能理解孩子所说的“控制”。

从这个角度说，王猛和他的父母一方来自火星，一方来自金星，

“彼之蜜糖，吾之砒霜”这句话在他们身上得到了另一种解读。

思考二：父母的爱，表达有误

“天下无不是的父母”，这句话我并不认同。父母错了，那就是错了，没有什么可辩驳的。但是，我认为，王猛父母的问题不在于态度，而在于能力。一是表达能力，二是共情能力，三是养育能力。这种种问题，都可以从王猛的万字控诉中看到影子。

比如，王猛上小学时丢了文件，找回后发现被人乱涂乱画，妈妈的回应是，“这下你知道外面的世界很精彩了吧？”

比如，上高中时，他向父母反映，调座位后自己的身边环境变得糟糕，父亲开始质问，“你凭什么要学校优待你？凭成绩好？哼。”

比如，王猛上小学一年级时不会剥鸡蛋，遭到同学嘲笑，直到王猛读大学时，这种嘲笑的声音依然在耳边。他指责父母在他面对这些嘲笑的时候没有予以保护。

在王猛的眼中，母亲对外界所有伤害他的人和事反应冷淡、无动于衷，父亲甚至会反过来责骂他，从不顾及他的感受，父母是如此的冷漠无情。

可是在我的眼中，我只看到了一对笨拙的、不会表达爱的父母。亲情是天生的，爱则需要学习。没有父母不爱自己的孩子，只是他们爱的表达未必正确。

“这下你知道外面的世界很精彩了吧？”其实是在告诉孩子，外面人心险恶，你要学会自我保护。

“你凭什么要学校优待你？”其实是想表达，不要因为成绩好就骄傲，不要总想着得到特殊待遇。

“你必须学会跟任何人相处。”也只不过是想说，你该提升自己的人际交往能力，最好可以应对各种人。

这场亲子大战爆发的根本原因，不在于父母对孩子的不理解，也不是孩子对父母缺少感恩之心，而是双方关注的焦点和归因方式完全不同。这样容易导致面对同样一件事情，双方各自的解读呈现巨大分歧。

这些话的确很生硬，很尖锐，但里面包裹的情感是有温度的，是父母用他们的人生经历在教导儿子。我们不能因为王猛父母选择了错误的表达方式，就连同他们的爱子之心一同否定。

他们爱孩子的心没有错，他们希望孩子能吞下委屈、适应社会的初衷没有错，但是他们传递价值观的方式错了，没有理解、没有共情，只有强势、只有说教，还伴随着语气上的冷嘲热讽。这在孩子看来是“冷漠”，是“控制”，而在父母看来是“关爱”的表达。

态度可以转变，如果王猛父母是态度问题，有很多办法可以让他们转变态度。但是，他们是能力出了问题，表达能力、共情能力、养育能力只会随着时间流逝保持相对稳定。也可能王猛的父母也是在这样的表达方式下成长起来的，他们潜移默化地习得了这种不会让孩子感到被关爱、被理解、被支持的表达方式。

正是由于这些能力上的不足，导致家庭出现了纷争，也恰恰是由于这些思维和表达方式根深蒂固，让父母很难改进和提升，同样是由于这些能力上的不足，爸妈们根本无法理解自己到底错在哪里。

思考三：心理学助你追根溯源，更应助你成长

王猛是一名80后，曾是四川某地级市的高考理科状元，属于别人眼中的“学霸”。本科在北大读生物专业，因为他觉得自己性格上具有“内向、敏感、不善交际”的弱点，所以本科毕业后前往美国排名前五十的大学学习心理学，希望通过心理学的学习解决自己的心理症结。

可是学习心理学之后呢？他将自己性格上的弱点归咎于父母的控制、不理解、不支持，十年中仅回家一次，停留时间不超过十分钟，几年前留下一封长信后，删掉了父母所有的联系方式，以示决裂。

我相信，王猛的确在原生家庭中受到了伤害。作为一名心理学者，

我也很欣慰他愿意选择心理学努力救赎自我。可是，遗憾的是，学完心理学，他对父母的怨恨有增无减，把自己身上的所有问题都推给了父母，指责父母是“罪魁祸首”。

至此，我只能说，王猛啊，你的心理学只学了一半！

心理学讲记忆是会骗人的，我们记住的未必是真实发生的；心理学讲人格是多维的，王猛只看到了自己的缺点；心理学讲内归因和外归因，王猛在面对家庭问题的时候只一味做外归因；心理学讲事物是平衡的，他只记住了父母给他的伤痕，没有片语提及父母曾带给他的美好。

心理学提倡宽恕和包容，因为宽容别人，才能放过自己，我只看到了王猛埋怨和憎恨；心理学讲逃避是一种不够健康的压力应对方式，王猛依然选择一走了之；心理学讲自我觉察和自我成长，王猛却迷失在一味的外部责问中。

心理学可以帮助我们分析自己身上的性格特点，可以帮助我们找到形成性格的原因，但更重要的是，心理学可以指导我们如何面对伤痛、完成自我成长。显然，王猛用心理学作为弓箭，奋力地射出了他的怒火；却忘记了，心理学可以成为良药，帮助他治疗内心的创伤。

著名心理学者武志红在《为何家会伤人》一书中，血淋淋地揭开了原生家庭的伤疤，树立了“原生家庭伤害”的概念，但是却没有告诉我们青年一代，该如何去治愈伤痛，又该如何与父母和解。

思考四：如何与原生家庭和解？

不建议像王猛一样逃离家庭。逃跑本身是一种心理防御机制，但是并没有解决实际存在的问题。王猛与父母“断舍离”之后，并没有改变亲子互不理解的现状，也没有为弥补伤害做出什么正面贡献。虽说时间能够医治伤痛，可时间同样也会拉远心灵距离。

就像在临床咨询中，我遇到很多来访者，因为与父母之间不愉快的经历，而选择远走他乡，美其名曰在外打拼奋斗，其实他们自己知道，真正的原因是，他们不知如何去回归家庭。

尝试理解父母的养育方式，学着原谅父母无心的伤害。我们从小接受的家庭教育受那个时代的影响，父母们自身也成长于传统家庭教养方式，虽然他们的方式有很多需要改进的地方，存在一些危机和隐患，但并非全然不好。

我们的父母愿意用生命去捍卫子女的幸福，却不愿意当面夸一夸我们，因为他们从小接受的教育观念就是“骄傲使人落后”“棍棒底下出孝子”，他们也是在这样的家庭教育中长大的。在他们心里，爱是不需要说出口的，知道就好。

全盘否定原生家庭教育的人，其实就是在全盘否定自我的成长经历和曾经滋养我们内心的美好，将伤痛无限放大。这种做法并不会让你感到快乐，只会让亲子两代间的鸿沟越来越大，无法弥合。

一位朋友曾经跟我说，她长到三十几岁，父亲从来没有夸过她一句，永远是批评和指责。她考了全年级第二名，父亲则问“第一是谁？”；当她努力考到了年级第一，父亲又说“成绩代表过去，有什么可骄傲的？！”这些话让她很伤心难过，以为父亲根本不爱自己，甚至一度怀疑自己不是亲生的。可是，在她得了急性肾衰竭、需要换一个肾时，年近七旬的父亲毫不犹豫地说，“用我的肾吧！一个不够，就两个都拿去！只要能救我的女儿。”直到那一刻，她才真的相信父亲对自己浓浓的爱，只是一直用错了表达方式。

最后，回归到王猛事件。我的观点是，我们可以通过原生家庭追根溯源地寻找原因，与现在难以理解的种种和解，在找到症结之后，不断自我完善。请不要把所有的错误都归咎于原生家庭的不完美，为自己的不完美找个完美的理由。

曾感到被“抛弃”，请从学会去爱开始！

你身边有没有这样的朋友？他们没有归属感，认为自己的出生不被父母期待，成长过程中不被父母喜爱，觉得自己是被父母在感情上抛弃的孩子，活着有些多余，一直孤单地长大。“谁都不要我，没有人愿意接纳我”，这是他们的心底话。

我在咨询时曾经遇到过这样两个女孩子。第一个女孩，在她5岁的时候父母离婚，她归父亲抚养，暂时住在爷爷奶奶家。七八岁的时候，父亲和母亲先后再婚，各自有了新的家庭，各自有了与新伴侣生的小孩，于是，她只能继续住在奶奶家，直到考上大学离开那座城市。她说，“我早就没有家了，我的出生就是一个错误，爸爸妈妈生下我却又抛弃我，我很孤单。”她觉得自己就像是一根飘零的浮萍，没有人在乎她的存在，也没有人愿意接纳她。

第二个女孩子在一个农村多子女家庭中长大，父母先后生下了3个女儿后，终于如愿以偿地有了儿子。作为家中第二个女儿，她从小感受到的就是父母的忽视，她说，“爸妈已经有了其他的孩子，其实他们并不想生下我，也不需要我，因为他们不喜欢我的性别，也不期待我的出生。”所以，她已经很多年不回家了。

虽然成长环境、家庭背景、学历收入大不相同，但这两个女孩有着三个明显的共同之处：

第一，都在各自的原生家庭中饱受创伤，没有归属感，只有深深的“被抛弃感”。

第二，对父母的态度都很矛盾。第一个女孩很多年不愿见亲生父母，但是每年会在父母过生日的时候，精心挑选礼物寄回去。第二个女孩渴望得到父母的喜爱和关注，所以努力学习考上了名牌大学，上班后省吃俭用攒钱买东西寄回家，但是回家待不了几天就会跟父母爆发激烈的争吵，话语中充满了对父母多年忽视的埋怨。

第三，都不相信爱情，也没有谈过恋爱。在她们的心中，连给予生命的人都不在乎我，别人怎么可能会真心爱上我？对于感情，她们有着铭刻入骨的深深自卑，觉得爱情这种“奢侈品”与自己这种不被重视的人无缘，没人会真心喜欢自己。

让孩子产生“被抛弃”感的养育方式

什么样的家庭，或者怎样的父母，会让我们产生被抛弃的感觉呢？美国心理学家戴安娜·鲍姆林德（Diana Baumrind）曾经提出过权威型、专制型、溺爱型和忽视型四种不同的家庭教养方式。其中的忽视型教养方式就与“被抛弃感”紧密相关。

忽视型的父母，一般有这么几个特点：

第一，亲子之间的互动很少。父母对孩子缺少积极的情感反应，也没有提供基本的关注。有的人以为，只有那些留守儿童家庭才算忽视型。可我们曾经做过一个调查，结果显示，有38%的孩子认为自己的父母是忽视型，而这些孩子都来自正常家庭，与父母每天朝夕相处。也就是说，无论是否与父母在一起生活，孩子都有可能产生被抛弃的感觉。

如果今天发生了不如意的事情，请走到镜子面前，对自己说:“真是不美好的一天。不过我依然爱你，亲爱的自己，无论发生什么。”请一直这样做积极的自我暗示，直到美好真的到来。

第二，父母缺少对孩子行为的要求和控制。不管孩子做得对还是错，父母都缺乏反馈，容易流露出不愿搭理、甚至是厌烦的态度。他们的一句话、一个眼神，都可能让孩子觉得自己没有价值，存在感低至尘埃。

第三，父母只做选择性回应。如果孩子提出诸如物质要求，比如买个玩具模型、漂亮衣服等，父母可能会马上答应；但是对于那些需要耗费父母长时间精力的事情，比如培养学习习惯、辅导家庭作业，父母宁愿花钱请人来解决问题，很少自己去完成。

在这种忽视型教养方式下成长的孩子，容易产生被抛弃的感觉，觉得自己“活着很多余”，“我一直很孤单”，“谁都不要我”。再加上在成长过程中，遇到各种不顺心时，他们只能独自面对，所以，通常会出现一些心理与行为问题。

比如，他们很少替别人考虑，对人缺乏热情与关心，自我情绪控制力较差，社会交往能力不足，容易攻击别人等。极端一点，这类孩子还有可能通过自暴自弃、故意违反校规，甚至辍学等行为，来博取父母的短暂关注。即使顺利完成学业，在成年后，这类孩子也会容易自卑，在发展亲密关系方面出现障碍。

学着疼爱自己

没有人可以选择自己的父母和出身，我们小时候也很难有能力去改变父母对待我们的方式，所以，在原生家庭中，我们每个人都是以不得不去适应的方式被动生长。

既然在曾经成长的路上，没有获得过父母的疼爱和关注，那么成年之后，当你拥有了独立于原生家庭的能力之后，开始自己疼爱自己吧！爱你自己，这是生命中能拥有的最重要的东西。

具体该怎么做呢？给各位朋友五条建议：

第一，停止自责，学会欣赏自己。在问题家庭中成长起来的人，习惯于残酷地负面评价自己，你有没有曾经使用“真没用”“粗心”“愚蠢”“讨厌”“笨蛋”这类话骂过自己呢？要努力看到自己个性和创造性，学会赞赏自己的与众不同之处。

如果哪件工作没有做好，应该思考怎么去调整，停止说“都怪我、都是我的错”，而要开始对自己说，“这件事教会了我什么？”，“我从中的收获是什么？”“比如更充分的事前准备，或更多的个人努力”等。从“总会有收获”的角度看待每件事，为自己创造“一切都是有价值的”这种看待事情的思维习惯。

第二，每天留几分钟冥想，让身心放松。不要因为出现消极情绪或消极想法就厌恶自己，那只会封闭自己的力量。

每天留一点时间让自己冥想，这是一种最古老、最简单的方法。无论什么时候，你都可以闭上眼睛深呼吸 5 次以上，呼气的时候记得对自己说“我爱你，事情根本没那么糟”，把紧张释放出去，然后你会获得宁静，你会开始觉得没必要那么紧绷着神经去生活。

第三，拿起镜子，学会赞美自己。“不配得到”的思想会阻止我们幸福，会让我们拒绝美好。可以通过一面镜子来练习，比如每天早上对着镜子里的自己说：“嘿，又见面了，亲爱的，今天我要为你做些什么呢？怎样你才会快乐呢？”听听自己内心的声音。

如果今天发生了不如意的事情，走到镜子面前，对自己说：“真是个不美好的一天，不过我依然爱你，亲爱的自己，无论发生什么。”试着做积极的自我暗示，比如“现在，我应该得到美好，我愿意让美好的事物走进我的生活。”请一直这样做自我暗示，直到美好真的到来。

第四，学会原谅别人，也放过自己。不能爱自己的人，往往是不能原谅别人的人。当我们原谅别人时，自己会卸下沉重的包袱。如果别人惹你伤心难过了，请继续使用镜子，你可以在镜子里跟他们对话，说出你所有不敢说的话，解释误解和不愉快，最后原谅他们。

因为我们无法改变别人，那就先不管别人，不用花那么多力气去改变别人；若有一半力气花在改变自己上，你就足够改变自己。当我们改变了自己，别人自然会对我们做出不同于以往的回应。

最后，记得多给自己留一些耐心。当你使用上面的方法面对生活的时候，刚开始会有些不习惯，但是请耐心一点，慢慢习惯于改变，最终你真的会脱胎换骨。

我们不会在一天之内就完全学会如何爱自己，但请每天爱自己多一点，两三个月之后，你会发现生活变了新样，因为我们发出的爱自己的电波，能吸引我们爱的人。

本节小练习　冥想

具体做法:

◎ 选择一个安心的环境;

◎ 以一种你觉得舒服的姿势，躺着、靠着、盘腿坐、甚至是跪着都可以，全身放松;

◎ 减慢思考的速度，注意力集中在自己身上;

◎ 连接内心的智慧，头脑中依次出现“爱”“宁静”“平和”“希望”等词语，或者想象一些积极的画面，比如，一棵小草破土而出，太阳暖暖地照在自己身上，故乡难忘的美景美食，与亲密好友上次聚会的美好等;

◎ 想象把“恐惧”“愤怒”“遗弃”等负面词汇放在一边，集体打包销毁的感觉。

每天坚持 5~10 分钟的冥想，开始给自己充电吧!

输在了起跑线，如何超越？

生活里常遇到这样的人：他们的事业、爱情不是很顺利，出现问题时常把自己的不成功推到父母身上，自己从小长大的家庭成了最佳替罪羊。

“因为家里条件不好，我的命没有别人好，所以再努力也没有用。”这是他们自我催眠的咒语。

我就曾遇到过一位这样的来访者，是个20多岁的小伙子，他说他过年根本不想回家。他的老家在农村，父母靠种地供他读书，自己努力考上了大学，可是几年下来，换了好几份工作，赚钱也不多；想谈女朋友，又怕别人嫌他没房、没车，充满了沮丧。

这位小伙子不想回家，一方面是因为没有赚到钱，会被亲友笑话，被嘲笑“读书有啥用？”；另一方面，他对家里有怨恨，因为家里穷，自己早就输在了起跑线上，觉得怎么努力都没有用。

真正的起跑线是父母的养育方式

首先，我相信起跑线是存在的。但是，对于一个人来讲，起跑线既不是家中的财富，也不是父母的地位和人脉，而是父母的养育方式！

真正的起跑线，是父母在养育孩子的过程中，是否尊重了孩子的天性，是否遵循了孩子的生理和心理发展规律，是否懂得科学育儿和正确沟通的方式，是否为孩子营造了一个民主、积极、温馨的家庭氛围，以及父母是否可以帮助孩子心理健康地成长。

知乎上有人提问：感觉原生家庭幸福是种什么体验？获得高频次点赞的回答是这样的："饿了喊妈妈，累了就回家，从来不委屈，因为有爸爸。"在这样家庭成长起来的孩子，阳光开朗，正直积极，即使遭遇挫折，也相信自己有足够的能力可以处理好。

相反，如果家庭环境比较糟糕，比如父母吵闹不休，对孩子要么不管不问，要么打骂不断。孩子面对的更多的是指责批评、苛刻要求，缺乏呵护与关爱，或者宠溺（过分宠爱比严厉更糟糕），孩子可能会变得敏感、脆弱、偏执、孤僻，甚至粗暴，也可能比别的孩子成长得更艰难、更痛苦。最终，当孩子长大后，他们将拥有更低的自我评价、更苛刻的自我要求、更矛盾的内心世界，比别人更惧怕失败，更好面子、爱吹牛、更容易摆出一副对抗的架势来，因此将面对更冲突的人际关系。

实话实说，这样的成人确实已经输在"起跑线"上了。

但这事确实不赖你，我的朋友！没有人可以选择父母和家庭环境，并不是每个人都足够幸运，可以出生在一个健全幸福的家庭里，拥有一段美好的童年回忆。可即便输在了起跑线，就一定一事无成吗？

我们依然可以找到很多实例，那些童年不幸的孩子，有的成年后却取得了比正常家庭的孩子更为耀眼的事业成就。

所以，输在了起跑线，并不意味着不可超越。其中的秘诀在于感受到"爱"，你将获得重生。

懂爱的人，更容易成功！

1938 年，哈佛大学医学院开展了一项关于"人怎样才能成功"的调查研究，称为格兰特研究。研究团队追踪了两组人，一组是 268 名哈佛大学的二年级学生，一组是 456 名波士顿贫民窟男孩。每两年，研究人员就会联系这些被调查者，询问个人成长等各种情况。就这样，持续了 75 年，耗费了 2000 万美元，得到了下面几组数据：

- 与母亲关系亲密的人，每年收入要多出 87000 美元；
- 与兄弟姐妹相亲相爱的人，每年收入要多出 51000 美元；
- 在“亲密关系”这个项目上得分最高的 58 人，平均年薪是 243000 美元，而得分最低的 31 人，平均年薪不足 102000 美元；
- 只要你找到了人生“真爱”，无论友情、爱情还是亲情，都能够大大增加你成为“人生赢家”的概率。

也就是说，拥有良好的人际关系、懂得爱与被爱的人，更容易获得成功。

想一想实验中的那些波士顿贫民窟男孩，糟糕的家庭环境并没有阻止他们成功的脚步，他们像璞玉一样，经历过痛苦的磨砺后，展露光华。

奋起的办法

想要奋起超越，这就教你四招：

第一，接纳全部的自己，包括平凡的家庭和自己性格上的不够好。 别再把原生家庭当成你不上进的借口了！分辨哪些事情是你可以改变的，专注于你能够改变的事情，从内心给自己注入勇气和力量，相信自己。

同时，接纳那些不可改变的事情，努力把负面影响降到最小。你可以拿原生家庭分析自己个性形成的原因，用来与自己和解，帮助个性成长，但请不要把所有的错误都归咎于原生家庭的不完美，以示自己的无辜。

无论原生家庭如何，每个人都可以开启自我教育。自知的我、隐藏的我、迷茫的我、未知的我，都是“我”，对现实的我不否定，对隐藏的我不避讳，对迷茫的我积极探索，对未知的我开放接纳。

不断摒弃那些自我怀疑的念头，憋足一口气就是往前走，坚持记录自己的点滴成功。一段时间后，你就能发现“其实我还是挺不错的”。

第二，打造高“爱商”，用良好的人际关系为自己的成功加码。罗斯福说过，在成功的公式里，最重要的一项因素就是与人相处。

“爱商”高的人，能够坦然享受被爱，也更懂得爱别人，懂得感恩与馈赠。学着经常释放自己的爱意，比如给胃痛的客户递一杯温水，给难过的伴侣一个拥抱，给焦虑的同事出个好点子，给烦躁的家人一个拥抱。然后，你就会发现，称赞越来越多，关系越来越顺畅，无论在职场还是家庭，“成功”的脚步慢慢近了。

第三，多做内部归因，少做外部归因。所谓归因，是指如何解释行为背后的原因。

内部归因，是说在找原因的时候，归结为自己内部的原因，如自己的人格、品质、动机、态度、情绪、心境以及努力程度等个人特征。

外部归因是将原因归于外部条件，包括背景、机遇、他人影响、工作任务难度等。

比如，某一次考试没考好，如果你给自己找的理由是没有认真学习、复习知识点还不够扎实，这就是内部归因；如果你说考试没考好是因为老师出题太难，或者考试当天妈妈批评你，影响了你的情绪，甚至认为是天气太冷等，那就是在做外部归因。

再比如，假如男朋友要分手，习惯于做内部归因的人会说，是我没有好好珍惜，没有认真经营感情，而让别人有机可乘；而习惯于做外部归因的人会说，都是我的男朋友太花心了，或者那个女孩子耍了手段等。

那么，内部归因和自我批判有什么不同呢？

自我批判的人，更多的是一种不自信。因为对自己否定，觉得自己做不好，导致真的做不好，而做不好事情，得不到肯定，就越发觉得自己不行。所以，自我批判引发的是一种恶性循环。

而内部归因，更多的是一种自我反省和主动担当。遇到问题时，我们想到的不是推卸责任，而是想一想自己的问题出在哪里，下次能不能做得更好，这种自我反省是相对客观的。

越是自卑的人，越会把错误和责任推给别人，因为承认错误、勇于改正，正是内心强大者的特征。

所以，遇事多从自己身上找原因，而不是拿父母、家庭环境或其他的因素做替罪羊。从今天起，让自己先有一颗强者之心。

第四，克服习得性无助。美国心理学会前主席、积极心理学创始人马丁·塞里格曼曾在 1967 年完成一个经典实验，实验过程中的“习得性无助”现象或许能给我们一些启示。

研究人员把狗困在笼子里，实施电击，狗虽然想尽各种办法极力挣脱，但依然无能为力，一直被电。到后来，狗知道自己根本逃不掉，被电击的时候也不挣扎了，只是躺在地上哀鸣。等到研究人员把笼门打开，再次电击时，明明逃离的大门就在眼前，狗还是躺在原地不动，只是哀鸣。这就是“习得性无助”现象，它说明无助感是可以逐渐学会的。

这种情况不但会发生在动物身上，也会发生在人类身上。很多心理学者认为，“习得性无助”心理状态会降低个体的努力程度。可能你在生活中受到了各种各样的束缚，遭受过各种打击和伤害，逐渐“学会”了无助，而放弃了继续努力。

但事实是，你的无助不是来自事情本身，而是来自你对事情的看法，也就是说，困住你的不是这件事，而是你的无助感。

当你再一次出现“我什么也改变不了”“我怎么努力都没用”这种内心对话的时候，请先别忙着沮丧，把问题具体化是个不错的方法。想一想，你遇到的是什么类型的问题，还有哪些办法是你没有使用过的，其他人有没有成功解决这个问题的好经验等。一旦把问题具体化，聚焦思考，解决问题的方法就会自然浮现出来。

想出办法后，记得给自己一个奖励哦，可以给自己买个小礼物，或者也可以此为由与三两好友聚聚，强化那种“我其实可以解决问题”的感受，逐步建立自信。

家庭中父母的养育方式才是我们每个人真正的起跑线。但是，即便输了起跑线，不意味着终生失败。懂爱，释放爱，多做内部归因，把问题具体化以克服习得性无助，都将有助于你收获属于自己的成功。

记住，任何改变都是需要时间练习的，请给自己足够的信任和耐心。

本节小练习　与父母化解冲突五步曲

选择最近发生在你和父母之间的一件事，当时这件事引发了你们之间的冲突，双方不欢而散。现在我们一起对这件事进行重新解剖和分析。

第一步，提炼问题。列出父母当时的观点，看看父母的哪些话伤了你的心，让你一想起来就觉得委屈、愤怒或悲伤，以至于至今都记忆犹新。

第二步，深度剖析。仔细分析那些让你难过的话，是一针见血地指出了你自己不愿意承认的事实，还是他们因为不够了解而误会你了？如果是前者，那是你的问题，需要自己面对和调整；如果是后者，我们需要思考的是，下一次见面该如何以温和的方式澄清他们对你的误解。

第三步，自我觉察，列出自己的观点。回忆自己在那天说的话，哪些是有些过火的，觉得有些后悔？这些是你真实意思的表达，还是一时的解恨之言？是在什么情景下脱口而出的？是被父母的某一句话激怒了吗？再深入地想一下，父母的这句话真的值得你这样生气吗？还是它勾起了你内心的伤痛？你当时有没有迁怒的想法？

第四步，改进计划。如果同样的事情再发生一次，你还会像上次一样，用争吵来处理吗？有没有其他更妥当的表达方式？假设第二天你还会再见父母，还会谈及此事，请预先列出自己的发言要点并预测父母的可能反应，告诉自己：即使父母再次说出让我伤心的话，我也要做好心理准备，表现得比上次更好。

第五步，尝试实施。把前面三步的思考结果融入第四步的计划中，接下来就是现实生活中的实施环节。如果你成功地控制住了自己的情绪，平复了父母的情绪，完成了一次有效果的沟通，显然，这会让你和父母间的理解和关系更进一步，也会让你有信心下一次做得更好。即使这次又失败了，没忍住又与父母吵了起来，请把前面的四个步骤再重复一次，完善新的计划，那么，这次的“失败”就是一次有价值的失败，会让你每次都能进步一点。

为什么你总感觉幸福离自己很遥远？

咨询室里曾接待过一位漂亮的女孩，她 20 多岁，打扮时尚，可惜愁容不展。因为失恋，她痛苦得走不出来，来做心理咨询。可在与她沟通过程中，我看到了一个饱受原生家庭伤痛的孤独女孩的成长经历。

她是家中的独生女，从小就在父母的争吵声中长大，从最开始躲在被子里大哭，到后来对父母的争吵习以为常。大学毕业工作后，她平淡地恋爱，平淡地分手，但内心却越来越痛苦，觉得幸福距离自己很遥远，而且越来越遥远。她甚至说，不止一次有过自杀的念头，因为觉得生命中没有什么值得高兴的事情。

我相信，尽管很多人与这个女孩有着不一样的人生经历，但却有着类似的感受，那就是——我们的幸福去哪里了？为什么我感受不到幸福？

其实，幸福是一种能力。这种能力是可以习得的。

我们身边经常出现这样的朋友，他们总觉得生活很艰辛，觉得不幸福，也不明白为什么别人每天都能乐呵呵地，不明白别人都在开心什么。或者明明可以快乐地生活，他们却总是在自我设限："爸妈在受苦，我没有资格享受快乐。"

这些朋友看似失去了对幸福的追求和信仰，其实他们缺少的是幸福的能力。

幸福是什么?

幸福，每个人毕生都在追求。但未必每个人都能说清楚，幸福是什么，或者怎样的状态才算幸福。

在心理学中，幸福是积极心理学的主要话题之一。它是个体依据自己的标准，对生活质量进行整体评估。经常使用“幸福感”或“主观幸福感”(Subjective Well-Being)，表示一种主观上的好的存在状态，或是健康、快乐的状态。

幸福感有三个特点:

第一，主观性。也就是说，自己觉得幸福，因为幸福没有客观标准，也不是他人或外界的准则，每个人对幸福都有不同的主观感受，都有自己的评定标准。比如，有的人在大冷天吃火锅觉得幸福，有的人却偏爱下雪的时候吃冰淇淋；有人觉得平平安安就是幸福，也有人觉得生活要轰轰烈烈才是幸福。

第二，相对稳定性。幸福感是一种相对稳定的状态。比如，你可能一直觉得自己是快乐幸福的，然后某天发现男朋友劈腿，你很愤怒、很难过。这种情绪持续 1~2 个月后，你可能又回到了以前的状态。

再比如，你总觉得自己活得不幸福，某一天突然中了 100 万彩票，你会欣喜若狂。开心几个月后，情绪又回到了中彩票前的状态。

这有点类似于我们做体重管理。如果你只是偶尔去几次健身俱乐部，在器械上练练，再饿上两顿，体重的确会下降，但这只是暂时下降，没过几天，体重还会反弹回来。只有均衡饮食和经常健身，才能实现体重的根本改变。

换句话说，依靠一两次的意外好运，对提升幸福感没有帮助，只有从根本上改变思维方式，才可能真正找到自己的幸福。

第三，整体性。有幸福感意味着你对生活整体上比较满意。就像萨提亚的冰山模型，短暂的情绪是露在水平线上的东西，可以被小事影响，也可以被别人觉察，而幸福感则是水平面以下的庞大部分，是一种总体积极的心境基调。

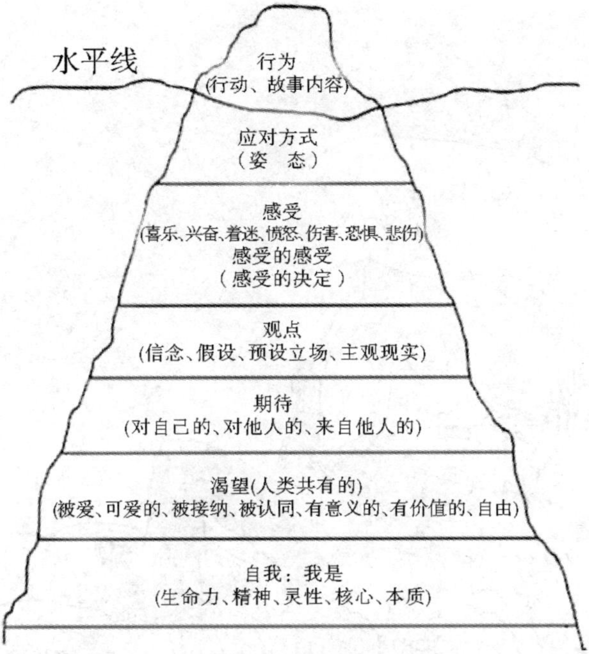

图：萨提亚的冰山模型

所以，仅仅解决一两个眼前问题，或者消除这两天的负面情绪，换个工作、提高薪水、短途旅行等做法可以让我们暂时开心，但不会在整体上提高幸福感。要想真正找到幸福的感觉，必须从冰山的底层入手。

幸福感从何而来？

为了回答这个问题，1988 年，哥伦比亚大学霍华德·金森博士曾做过一个调查。在收集的 5000 多份问卷中，只有 121 人觉得“非常幸福”，其中 50 人是成功人士，另外的 71 人是淡泊宁静的平凡人。于是，他得

有时候，我们可以假装自己很幸福，装着装着，可能就被自己暗示了，结果真的变得幸福。

出结论：这个世界上有两种人最幸福，一种是淡泊宁静的平凡人，一种是功成名就的杰出者。

20年后，他又联系了这121个人，想知道他们的幸福感是否还像当年那样强烈。结果，50名成功人士的选项发生了巨大变化，仅有9人依然坚持当年的选择，感到“非常幸福”，71位平凡人的选择却没有什么变化。

这次，霍华德·金森意识到自己错了，他误解了幸福的真正含义。所有靠财富和物质支撑的幸福感，都不能持久。只有心灵的淡定平静，继而产生身心愉快，才是幸福的真正源泉。

这里就要引出另外一个心理学术语，“幸福力”。它由哈佛大学最著名的公开课《幸福》这门课的授课教师泰勒·本－沙哈尔（Tal Ben-Shahar）博士提出。其核心思想是，幸福是一种能力。

拥有了这种能力，一个人就算住在四五十平方米的一居室里，天天挤地铁上班，他也能找到生活的点滴快乐。而缺少了这种让自己幸福的能力的人，就算给他300平方米的豪宅、100多万的跑车，他也会觉得命运对自己不公正，生活很悲惨，内心很痛苦。

幸福力修炼指南

那么，该怎么去修炼这种幸福力呢？在这里，给各位朋友7点建议：

首先，记住那些小幸福。学会感激，感激能带给人们最单纯的快乐，记住别人的好，看到他人的善，学会在点滴小事中感受生命的温暖。

建议做一个“感恩本”，专门记录别人对你的好，比如：×月×日，下雨天忘带伞，张三把他的伞借给我；×月×日，我肠胃不舒服，李四帮我点了一份白粥当午餐等。持久地记录点滴小事，会让我们感受到身边朋友的浓浓关心，也会提醒我们多做一些举手之劳的小事。

第二，这个世界上最不可能的一件事，就是你感到一直幸福。要想幸福，就要允许自己有人的各种正常情感，包括消极情绪，比如担忧、哀愁、妒忌、失望、焦虑等，这样，我们才是完整的“人”。

第三，摆脱原生家庭的负面暗示。列夫·托尔斯泰曾说过：幸福的家庭大都相似，不幸的家庭各有各的不幸。如果凑巧你的原生家庭不那么幸福，能做的就是学会把那些负面的东西扔在身后，留在过去，继续往前走。宽容别人的过错，其实是为了解救自己。

第四，善于发现自己性格的优点。众多心理学研究发现，外向型的人格能够提高主观幸福感，因为外向者的人际关系更密切，朋友圈比较大，更热衷于应酬和社交活动，得到的社会支持也普遍更多一些。

但是，如果你是内向型人格的朋友，也不用担心，因为你花了更多的时间认识自己，所以，只要你相信自己、对自己有着较高的评价，也会提高幸福的能力。

第五，保持运动和锻炼，人才会更有幸福感。泰勒·本–沙哈尔教授有一个很有趣的比喻：“在远古时代，我们要拼命去追一只鹿，去努力从狮子口中夺路而逃。”我们不是天生的宅男宅女，我们本应逐鹿和奔跑。

无论从进化论视角看，还是从心理学研究发现的角度，我们都必须锻炼，服从运动的天性。心理学家发现，每周三次、每次30分钟的定期锻炼，可以排除大脑中的有害物质，相当于服用抗抑郁和抗焦虑的药物。

第六，多关注自身的点滴进步。心理学社会比较理论认为，与他人的比较结果可以影响幸福感。比如，有的人总把自己与牛人和大伽进行比较，觉得别人样样都比自己强，挫败感爆棚，结果把自己的幸福感“比”没了。再比如，有的人特别在乎别人对自己的评价，听到一句差评，就闷闷不乐好几天。老跟别人比，活在别人的舌头下，是一种不自信的表现。

与其跟成龙大哥比功夫，还不如与自己比进步。如何做呢？

建议可以使用313进步法，也就是每3个月罗列1次自己的3个新变化，如职务等级上升了，恋人感情更深了，情绪控制变好了等。成为一个越来越好的自己，这比什么都重要。

第七，偶尔假装自己很幸福，慢慢可能真的变得幸福了。泰勒·本－沙哈尔教授做客北京大学谈幸福的时候，举了这样一个例子：给你一支笔叼在嘴里，你想象自己是一个没有胳膊的人，你会怎么写字？

其中一组人把笔头朝下叼着，另外一组参与者则把笔横着叼。研究人员在每位参与者的脑袋上放置一个测试脑电波水平的装置。研究发现，那些把笔头朝下叼着的人会感觉不太开心，而横着叼笔的人会感觉更开心。因为横着叼笔的嘴型看上去像在微笑，即使他们没有真正微笑，也会感到开心。

所以，有时候，我们可以假装自己很幸福，装着装着，可能就被自己暗示了，结果真的变得幸福。

任何改变都需要时间练习，请给自己足够的信任和耐心。

本节小练习　修炼幸福力最见效的方式

寻找幸福，先从摆脱负面情绪开始吧！短期最见效的方式，非运动莫属。别低估让身体动起来的神奇魔力，生理和心理是互相影响的。

游泳、慢跑、瑜伽、跳舞、拳击……从各种运动中挑选一项你最喜欢的，每周运动不少于3次、每次不少于30分钟，可以赶走抑郁、甩掉赘肉、振奋精神，一举三得。

还在等什么？赶紧开始吧！可以在朋友圈定时上传你的运动照，周围的朋友一定很愿意做你身心蜕变、奔向幸福的见证人。

暴饮暴食？烟不离手？其实都源于……

咨询室来了一位姑娘，身材丰腴，满面油光，神情焦虑，烦躁不安。她说，自己工作压力越大，就越想吃东西。平时还好，一到年底加班的时候，就想吃各种各样的东西，一刻不停，哪怕肚子告诉大脑已经吃饱了，嘴巴还是停不下来。吃东西的时候，她会觉得比较放松，工作压力好像也没有那么大了。可是短短一个月下来，体重暴涨十多斤。

看着镜子里的自己身材臃肿、满脸痘痘，她连家人介绍的相亲对象，都只敢用微信联系，不敢见面。可是，如果控制饮食，她就会心烦意乱，无心工作，总觉得精力无法集中。她也使用过减肥茶等各种方法，但效果不明显，体重也总是反弹。

很明显，她正在遭受“贪吃”的折磨。类似的案例还有很多，比如一些来访者表示自己很难戒掉烟瘾、酒瘾，还有一些来访者多年来一直有咬指甲、啃铅笔的习惯。

不难发现，这些问题发生的部位都在口腔。弗洛伊德关于口唇期人格的分析，似乎可以给我们一些启发。

在口唇期，婴儿的吮吸、吞咽等口腔活动受到抚养者的过分限制，孩子可能形成负面的“口唇期人格”。他们在儿童期会不自觉地咬东西、吮拇指、啃指甲，成年后很容易有烟瘾、酗酒、贪吃等不能自控的成瘾行为，而且压力越大，这种行为表现就越明显。

口唇期人格

弗洛伊德认为，儿童性心理发展要经历 5 个阶段，其中 0~1.5 岁为“口唇期”。这一年龄段的婴儿活动大多以口唇为主，存在摄入、撕咬、含住、吐出和紧闭五种主要的口腔活动。成年人的接吻是这一时期留下的嗜好。

儿童从吸吮、咀嚼、吞咽等各种口腔活动中得到快感。比如，婴儿在吃饱状态下仍喜欢吸吮手指，或者喜欢把身边够得到的任何东西放进嘴里，就是因为他们在通过口腔辨识这些物体的温度、软硬、味道等，同时获得满足和愉快的心理感受。

如果在口唇期，婴儿在吮吸、吞咽等口腔活动中获得了足够的满足，长大后会形成正面的“口唇期人格”，比如乐观开朗、善于表达。

相反，在实际养育过程中，婴儿的吃手、咬东西等行为如果经常受到抚养者的过分限制，使婴儿无法由口腔活动得到满足，婴儿长大后可能形成负面的“口唇期人格”。他们在儿童期（3~6 岁）会发展出不自觉地咬人、咬东西、吮拇指、咬指甲、啃铅笔等习惯。在幼儿园，我们经常会从一些小朋友身上观察到这类行为，比较严重的孩子甚至会把自己的拇指、指甲咬到变形，看起来触目惊心。

这些在“口唇期”口腔活动不足的孩子，成年后就很容易有烟瘾、酗酒或贪吃等不能自控的成瘾行为，而且越是压力大，这种行为表现就越明显，就像本节一开篇就提到的那位女性来访者一样。

口唇期人格的育儿建议

那么，该如何在口唇期满足宝宝的口腔需求和心理需求呢？这对孩子的心理健康成长意义重大。

首先，爸爸妈妈对宝宝吃手、咬东西等行为有所顾虑，是正常的。比如，在这个过程中，宝宝有可能把细菌吃到肚子里，也有可能因为咬东西造成牙齿畸形。

第二，在母乳喂养时，其实可以做到既满足宝宝的口腔运动需求，又做好自我保护的。条件允许的情况下，尽量对宝宝采取母乳喂养或混合喂养。婴儿在八九个月时长牙了，出现扯咬哺乳妈妈的行为。这种时候，有的妈妈痛得一边流泪一边哺乳，有的妈妈因为实在忍受不了，选择了终止哺乳。这两种做法，我们都不建议。我们希望母婴双方都身心愉悦，而不是以一方的痛苦换取另一方的满足。所以，在婴儿刚开始出现扯咬行为时，使用一些行为信号来表达妈妈的不舒服很有必要。比如，妈妈可以用手指轻轻压住宝宝的下颌，让牙齿不能咬紧，借机抽出乳房。也可以通过紧紧拥抱的方式让婴儿稍微感受到不舒服，几次之后，婴儿就会把这种不舒服和咬妈妈的行为建立起条件反射，进而减少咬的行为。

第三，准备好物品让婴儿安心去咬。如果爸妈担心东西不干净，可以把宝宝触手可及的物品（注意不能过于细小），每天至少清洗两次；如果担心影响乳牙美观，咬咬胶、磨牙棒等都是不错的选择，硬度不会很大，有一定弹性，可以让宝宝咬得开心、咬得过瘾。

第四，及时采取合适的补救措施。如果孩子已经开始啃咬手指，父母及时发现后，可以寻找其他的啃咬替代物，温柔地按摩宝宝的手指，带宝宝做手指游戏等方式，转移孩子对啃手指的关注。还可以对孩子的自制行为予以即时奖励，或者将“啃手指”视为犯规行为予以惩罚，以降低问题行为出现的频率。

当然，如果已经成人了，口唇期人格已经形成，而且也出现了上瘾行为，那该怎么办呢？

这需要对不同情况进行区分。如果像前文的女孩一样，只在压力大的情况下出现成瘾行为，那就需要在情绪和压力管理方面进行调整和干预，如果工作压力大、情绪依然可以保持相对平稳，那么“贪吃”的症状就会减轻很多。如果在平时也出现难以自控的暴饮暴食、饮酒成瘾行为，那就需要去专业机构完成戒瘾的相关治疗。

原生家庭不可变，在幼年时，我们无法影响自己怎样被抚养，但是成年后的我们，可以决定自己如何去生活，如何抚养自己的后代。希望我们的孩子都能够顺利度过口唇期，拥有健康的口唇期人格！

洁癖或邋遢，都不是你的错

一天，我的咨询室里来了一位小伙子，30岁不到，服装整洁，裤线笔挺，连指甲缝都非常干净。我注意到，他坐下前，先用小喷壶喷了一点消毒水在皮质沙发上，然后用白色手绢反复擦拭后才坐下。在这个过程中，他一直跟我说抱歉，没有别的意思，就是说自己的洁癖特别严重。

据他自述，妈妈是医生，他很小的时候就知道要讲卫生。大约在三四岁的时候，一次上厕所出来没有洗手，妈妈狠狠地惩罚了他。从那以后，他只要洗手就必须用香皂或洗手液反复洗三四遍，如果不这样，就会感到手上全是细菌，没洗干净，感到特别焦虑。虽然自己明知道没有必要这样，可就是控制不住。

随着年龄越来越大，他的洁癖越来越严重。在大学住校的时候，如果有人坐了他的床铺，他就会把所有床上用品清洗一遍，因而被同学排挤。工作以后，如果同事动了他的文件和办公用具，他就特别紧张，拿出酒精反复擦拭。单位组织各种联谊、聚会活动，他也从来不参加，因此人缘也不好。他住的地方从不邀请同学和朋友来访，每天回到家的第一件事就是打扫卫生，无暇顾及别的，也没有什么业余爱好。

这么“爱干净”却没有带来良好的健康状况。他经常口腔溃疡，很容易腹泻，一有流行感冒，他肯定“中招”。而病愈后，只会进一步加重他洁癖的程度。

他对自己这种生活状况特别不满意，也意识到这些行为都毫无意义，但内心感到强烈的焦虑和恐惧，整天都活得很紧张，觉得“非要这么做才可以”，自己很无奈，也很苦恼。

显然，洁癖已经严重干扰到他的工作和生活。这位来访者已经是强迫性神经症患者，以洁癖为主要的症状。

洁癖者 / 邋遢者的真实感受

首先，过度洁癖的人，生活品质并不高。洁癖的做法好像是很卫生，却感受不到幸福，只感到紧张和痛苦，觉得活得特别累，一生中大部分的时间都在搞卫生，没有时间去享受生活。过度的洁癖行为需要矫治。

其次，过度洁癖的人，并不会更健康。人适度地接触病菌，会使体内产生抗体，和外来病菌进行战斗。如果不加选择地灭菌，就可能给那些抵抗力、适应性、侵袭力强的有害病菌开绿灯，破坏人体内与自然环境的微生物平衡，以致有害的超级细菌大量生存和繁殖，所以，洁癖的人反而容易生病。就像上文的那个男性一样，越是洁癖，越是体弱。

第三，邋遢的人其实并不喜欢邋遢。与洁癖的人不同，邋遢的人看起来正好相反，他们的生活脏乱差，走到哪里都像是台风过境，一片狼藉，也很不注意个人卫生，常让别人退避三舍。可是他们有一点与洁癖的人相似，那就是他们自己也不喜欢自己的样子，不觉得邋遢是一件好事。他们这样也不是纯粹因为懒惰，而是陷入了一种自己都“无法控制”的污秽和脏乱的状态。如果把自己和环境都收拾干净，他们会感到浑身不自在，觉得焦虑和恐惧。

因此，洁癖不是简单的太爱干净，邋遢也不只是不讲卫生，它们与

过度洁癖的人，反而容易生病，生活品质也并不高。他们一生中大部分时间都在搞卫生，感到紧张和痛苦，觉得活得特别累，没有时间去享受生活，也感受不到幸福。

性别无关。如果洁癖/邋遢已经发展到心理疾病的程度，就需要进行临床干预和治疗。常用的方法有系统脱敏法、厌恶疗法和认知疗法。系统脱敏法主要是通过逐渐增加引起患者焦虑或恐怖的刺激物的量，让患者不再对该刺激感到焦虑和恐怖，从而达到“脱敏”的效果。厌恶疗法是采用条件反射的方法，把需要戒除的目标行为与不愉快的或惩罚性的刺激结合起来，通过厌恶性条件反射，减少这个行为对患者的吸引力，使症状消退。认知疗法则是通过改变不正确的认知来改变行为。

为什么我们会成为洁癖者/邋遢者?

洁癖/邋遢的成因较多，涉及遗传、心理、社会、家庭教育和个人性格等多个方面。在这里，我们结合上面的案例，重点说一下家庭教育因素，因为家庭教育对诱发或加重洁癖/邋遢有着重要作用。

弗洛伊德认为，儿童的性心理发展经历5个阶段，其中1.5~3岁称为“肛门期”。这个年龄段儿童的性兴趣集中在肛门区，粪便排泄时解除内急压力，幼儿会从排泄，或憋着不排泄中得到快感经验，以抹粪或玩弄粪便（以及玩沙子和泥巴等替代物）感到满足。

在这段时间里，父母为了让子女养成良好的卫生习惯，经常对幼儿的便溺行为订立规矩，加以训练。如果父母的要求能配合幼儿自己控制能力的发展，良好的习惯便得以顺利建立。

如果父母训练过严，与儿童发生冲突，则会导致所谓的“肛门期人格”。一种是肛门排放型性格，表现为邋遢、浪费、无条理、放肆、凶暴等；另一种是肛门便秘型性格，如过分干净、过分注意条理和细节、固执、小气、忍耐等。因此，弗洛伊德特别强调父母应注意儿童大小便的训练不宜过早、过严。

特别是有些家长如果具有强迫性人格，对孩子的教育严格、古板，甚至有些冷酷，孩子便会谨小慎微，优柔寡断，过分琐碎细致，与他人交往的时候古板固执，缺乏灵活性，在生活上也过分强求有规律的作息制度和卫生习惯，一切务求井井有条，稍有改变就会焦虑不安。

此外，家长的要求过高过严，对那些神经质、敏感内向的孩子影响更大。家庭搬迁、亲人亡故、父母离异、性生活不协调等引起的心理紧张和情绪波动等，都可以成为诱发洁癖/邋遢的主要原因。

育儿不易。谁能想到小小的排便训练，竟然会给未来的成年生活带来这么大的困扰和心理伤害。希望大家用科学的方式养育孩子，用接纳的态度善待自己。

是什么把你变成“社交透明人”？

我在咨询中遇到过这样一位女孩。她说，与一两个朋友在一起的时候，自己还可以有说有笑地畅快聊天，但只要身边的人超过三个，她就立刻停止参与讨论，只是默默地听别人说话。

她也曾试图去反驳不同的观点，可是刚说了一两句话，就发现好几个人一起看她，她受不了那么多的目光盯着自己，便草草结束了发言。几次之后，她干脆放弃了加入谈话的努力，缩在角落里，羡慕地看着别人交流自如，无奈地当起了“社交透明人”。

“社交透明人”的痛苦

作为“社交透明人”，他们最痛苦的是无法参与、无存在感、无价值感，感觉自己与周围格格不入，没有人“看见”我，“没有人想跟我讲话，没有人听我说什么”，没人与我有真正的联结。人在这里，却与现实世界真实分离。

人本主义心理学家马斯洛把人的心理需求归纳为五种，其中，生理需要、安全需要、社会归属和爱的需要属于基本需求，尊重需要、自我实现需要则是心理的高级需求。

显然，“社交透明人”的这种状态无法满足“社会归属和爱”这个基本心理需求，会产生“不被爱和不被接纳”的感觉，也无法满足“被尊重”的高级心理需求。

他们最令人担忧的地方还在于，被忽视的现象会逐渐影响到他们的自我认知，从最开始只是社交技能不完善，到慢慢变成在人群中不被重视，进而发展到充满负能量的自我评价，如“我不重要，没人懂我，从来都没人理会我的真正需要”，“我是被排挤的，我根本得不到别人的尊重”，“我很卑微，不能拥有自己想要的”等。他们觉得人生不幸福，陷入悲观失望的深渊。

不仅在社会交往中，在职场上也有“社交透明人”。他们在工作中没有太大的过失，但也缺乏亮点，很容易被领导和同事忽略。比如，老板总是记不住你的名字，同事也总是忽略你的存在，在团队活动中你所在的小组经常沉闷不堪，总是感到被边缘化的压力，而在升职和奖励名单上更是很少出现你的名字……

虽然“社交透明人”一般不会直接面对人际的对立和冲突，但是也容易被误解为不积极努力、不主动作为、不合群。所以他们常与升职加薪无缘，在群体面临危机时很容易被当成炮灰，甚至被炒鱿鱼的也不在少数。

为什么会变成“社交透明人”？

我认为主要有三方面原因，分别是原生家庭、人格特点和失败的交往经历。

首先，跟我们的原生家庭养育方式有关。美国的心理学家鲍姆林德提出了四种不同的家庭教养方式，分别是权威型、专制型、溺爱型和忽视型，其中，专制型教养方式就与“低存在感”有关。

使用专制型教养方式的父母要求孩子绝对地服从自己，希望子女按照他们为其设计的蓝图去成长，希望对孩子的所有行为都加以保护和监督。

父母对子女的行为高度控制，但在情感方面却缺乏温柔的关心，经常让孩子感受到冷漠和忽视。他们比较少鼓励和赞美孩子，对违反规则的行为却经常愤怒、责骂，甚至采取严厉的惩罚措施，也很少考虑孩子自身的要求与意愿。

这种教养方式下的孩子常常表现出焦虑、退缩和不快乐。他们与同伴交往遇到挫折时，更易产生敌对反应。到青少年时，他们的自我调节能力和适应性都比较差，但由于他们习惯性遵守外部行为规则，所以他们的学习成绩通常比较好，在校期间的反社会行为也较少。

显然，专制型教养方式下长大的孩子更容易产生深深的孤独感，因为从小内心的声音就没有得到重视，没有被父母倾听，没有感受到理解和尊重。“我不能发表意见，反正也不会有人在乎”，这种自我暗示，是专制型养育方式的后遗症。

其次，与心理防御水平较高、自我暴露深度不够等人格特点有关。自我暴露指的是一个人自发地、有意识地向另一个人暴露自己真实且重要的信息，与他人共享自己的感受和想法。在心理学中，自我暴露由浅到深分为四个层次：

第一层是情趣喜好，属于自我暴露的最表层水平，比如个人的饮食偏好、日常情趣、休闲娱乐等。

第二层是态度，比如对某件事的看法，对某产品的评价等。同事和一般朋友间的交流多在这一层次。

第三层是自我评价及人际关系。比如，自信、焦虑、善良、自卑等自我评价，我们同父母的情结，与上司的敏感关系等，都属于这一层，一般只与亲密爱人、多年好友谈论。

第四层则是隐私方面，属于自我最深层的方面。比如，自己的某些

作为“社交透明人”，他们最痛苦的是无法参与、无存在感、无价值感。人在这里，却与现实世界真实分离。被忽视的现象会逐渐影响到他们的自我认知，从最开始只是社交技能不完善，到充满负面能量的自我评价，最后逐渐陷入悲观失望的深渊。

不能为社会接受的念头、行为、习惯等，包括性经验、偷窃行为、异装癖等。很多时候这一层内容不会告诉任何人，只有自己能触及。

“透明人”的自我暴露水平通常较低，内容较浅。正常人通常可以无障碍地与陌生人交流第一层，甚至第二层，对朋友可以交流至第二层、第三层，甚至第四层。

可是，“透明人”的心理防御水平很高，所以，面对陌生人，他们连第一层的信息暴露都做不到，面对好朋友也只能做到第二层。这就是透明人的“人格因素”。

第三个原因，与“透明人”曾有过的失败人际经验有关。可能，你曾经在公开场合说错了话，忘记了台词，闹过笑话，导致再次面对很多人的时候，担心自己又会犯错，所以干脆保持沉默，多听少说。

也可能，你被指责过喜欢打断别人、过于自我、不顾及他人感受，甚至遭过团体孤立，于是想着“枪打出头鸟”，干脆就当个“小透明”，总归是很安全。

还可能，你由于一些挫折和打击，陷入了深深的负面情绪中，甚至出现了抑郁，导致在各种场合根本懒得说话，不愿意跟他人交流。这些非家庭因素，也会导致我们出现“透明人”的行为特点。

拒绝再做“社交透明人”

那么，作为“社交透明人”，如何做才能提高存在感呢？接下来我们提供一些可操作的建议：

第一，发表自信宣言，主动打招呼。使用之前给你介绍过的镜子暗示法，每天微笑着对自己说：“我是一个能够主动表达的人，今天我要跟 10 个人主动打招呼。”然后，在课间、上班途中、中午休息时，选择那些态度比较温和的人主动打招呼，哪怕只是一句“早安，今天天气不错”。晚上睡觉前，统计今天自己主动打招呼的人数，对着镜子肯定自己：“今天干得不错，明天继续！”

你可以从5个人开始，慢慢增加到10个、15个，再逐渐改变话题，扩大打招呼的人选范围。

第二，加深自我暴露的深度。你可以尝试着与好朋友谈及第三层（自我评价及人际关系）信息，学会适度袒露自己的真实感情和想法，发现彼此的共同之处。吐露一个小秘密，有可能会赢得对方的心，赢得一生的友谊。

如果觉得难以开口，不妨从最简单的自我表达开始，比如针对同事的观点，你分享自己的看法，“你说得很对，我非常赞同，但我觉得有些地方可能还需要补充和完善……”你也可以从赞美别人开始，哪怕你的赞美毫无技巧，只要他人感受到你的真诚，也会收获一份善意，鼓励你下次继续。如果你过分在乎别人看你的眼光，那只会让自己在社交中更加拘谨。

如果连自我表达都觉得很难，那就和朋友或同事们一起参加体育活动吧！运动是人际关系的加速器，以此开始，慢慢融入团体，他们很快就会接受你。

第三，增加实际的面对面交流的机会。如今我们越来越频繁地借助e-mail、微信等互联网方式与同学联络、与同事交流工作、向领导汇报工作，这很正常，也不会让“透明人”感到焦虑。但请记住，互联网不是“舒适区”！

我们的建议是，有意识地增加现实中打交道的机会，比如提交财务报表时，主动到财务同事面前打个招呼，多参加一些外勤或志愿者活动，主动申请协助年会的筹备工作等。

第四，及时调整，对抗工作压力。还有一些朋友由于工作压力越来越大，以致产生了倦怠感，缺少交流的热情，多说一句话都觉得累得慌。

这类朋友需要心理减压，在健康与事业间找到新的平衡。最简单的一个办法就是给自己放次大假，用至少五天的时间远离工作，或者用剧烈的体育运动去释放心理压力。

需要强调的是，“社交透明人”在改变过程中一定要更加注重自我感受，不必一味地委曲求全或强迫自己。因为，并非每个人都是话题中心或团体的焦点，请以一种让自己舒服的方式慢慢发生改变，找到属于自己的位置。

本节小练习　主动沟通小技巧

从你身边先找出两个比较温和的人，他们平时对你也比较和善，你要下定决心今天与他们主动沟通。

先把这两个人的名字写下来，在每个名字的后面写上你打算与他们聊的话题，或者你觉得对方感兴趣的话题，做好与他们说十句话以上的准备。

如果你觉得不知道要聊什么，可以上网查一查最近的社会热点，了解一些相关细节和数据，这可以让你在与他人的对话中表达出更多的信息，让你的发言更有价值，赢得他人的关注和好感。

还在等什么？快开始选人吧！

改变看待世界的方式，远离“心身性疾病”

关于乐观与悲观的讨论，似乎已是一个烂梗，无数的名人警句都聊到了这个心理特质。但是，2017 年高晓松一句“生活不止眼前的苟且，还有诗和远方的田野”，依然如暮鼓晨钟一般，在很多人的心灵深处荡起共鸣。

悲观者沉浸于眼前的“苟且”，沮丧失望于生活的无奈；而乐观者却在“苟且”的生活中，抬头眺望诗和远方。正如英国谚语所说，“乐观者于一个灾难中看到一个希望，悲观者于一个希望中看到一个灾难”。

有人说，悲观或乐观是天生的，靠个人的力量很难改变；也有人说，乐观的人是因为遭受的挫折和磨难还不够多。今天，我们就从心理学的角度，分析一下乐观者和悲观者的本质区别在哪里，探讨一下到底悲观者有没有变成乐观者的可能。

先与大家分享一位医生朋友讲述的两个故事。

第一个故事

我在一家医院做住院医师的时候，刚好负责照顾一个叫嘟嘟的 10 岁小男孩，当时他已经到了癌症晚期。嘟嘟从出生起从未见过自己的父亲，在化疗中期的时候，他给父亲写过一封信，说明了自己的病情及对父亲的思念，请求父亲能到他所在的医院相聚。令嘟嘟高兴的是，父亲不久就回信了，答应会去医院看他，完成父子人生当中的第一次见面。

在接下来苦苦等待的时间里，嘟嘟的治疗情况不甚理想。但嘟嘟是一个乐观的孩子，他相信自己一定会康复，一定会有大把的时间去了解父亲，因为父亲在他幼小的心灵中占据着任何人都替代不了的位置。

在一个周一，嘟嘟的器官开始衰竭，剩下的时间不多了，他的母亲给他的父亲打电话，催他快点儿来。当天晚上，嘟嘟得知父亲已经买好了机票，预计周六下午就能到医院。第二天，嘟嘟的情况明显好转，他竟然能够起床、散步，并且兴奋地告诉我们，他的父亲要来了。

接下来从周二到周五，为了跟父亲相聚，嘟嘟一直在为父亲画画、写故事、练歌，我们都赞叹不已。在周五的晚上，嘟嘟兴奋得睡不着觉，主治医师最后不得不给他开了安眠药。周六早晨，嘟嘟恳求我们让他出院去机场接父亲，但因为要输液，医生没有同意他的请求。

父亲的航班将在上午12点抵达机场。按着正常情况计算，他应该在下午3点之前来到医院。但到了3点半，父亲还没有出现。嘟嘟执意要坐着轮椅去医院门口等待，一直等到下午6点，都没有看到父亲的身影。这期间，母亲给父亲打电话，没有人接，也没有回电，嘟嘟一直认为父亲是由于航班晚点或交通堵塞才会晚到，但母亲核对航班后发现飞机是按时到达的。母亲向他解释，父亲不算个成熟的人，可能还不知道怎么做好一个父亲。但嘟嘟就是不听，他坚信父亲一定会来，没有什么能够动摇他的信念。

那天晚上，我既担心嘟嘟，又不得不四处忙碌，照顾其他的病人。最后，到了晚上11点，嘟嘟终于被母亲带回了病房。看到他的轮椅在大厅中缓缓移动，我蹲下来给了他一个拥抱。嘟嘟开始放声大哭，说父亲到来这件事一直鼓舞着他。看到他小小的身体因为啜泣而不停地颤抖，我和他母亲的眼眶都湿润了。

直到午夜，嘟嘟终于睡着了。大约 4 个小时后，我正在撰写病历报告，突然听到护士叫我："快，李医生，嘟嘟出状况了。"我跑到病房对嘟嘟施以急救，但已无济于事，嘟嘟还是停止了呼吸，永远地离开了。

至此，第一个故事结束了。我们看到，"希望"让嘟嘟有了活下去的愿望，"乐观"是多么神奇有力！但失望——怎么都等不来盼望中的父亲，让嘟嘟失去了继续努力活着的动力。

第二个故事

小雅是一个活泼可爱的小女孩，8 岁的时候被诊断出患有白血病，医生的建议是先采用大剂量的化疗，再进行骨髓移植，但问题是找不到匹配的骨髓，因此小雅的父母有了一个疯狂的想法——再生一个孩子，希望这个孩子的骨髓能与小雅配型成功。

小雅的母亲怀孕后，医生开始对小雅进行小剂量化疗，以便对她的病情进行有效控制，使小雅能活到婴儿出生。得知母亲怀孕的消息，小雅非常快乐，她很早就盼望有个弟弟或妹妹。尽管化疗不断地伤害着她的身体，但是她的精神特别振奋。她告诉护士，癌症正在离她而去，她要当个好姐姐。但检查结果一再表明，她的情况其实并不乐观。

宝宝出生的时候，小雅也来到了产房，看到她将宝宝放到臂弯轻轻摇晃，在场的所有人都被感动了。遗憾的是，检测结果表明无法配型成功。父母崩溃了，但小雅却告诉他们不要担心，因为她已经完全康复，不需要再进行骨髓移植。主治专家们不断地摇头，说那是不可能的，她所接受的化疗剂量不足以使她痊愈。

但奇迹真的发生了，再次检查的结果证明小雅是对的，她身上竟然没有了癌细胞的踪影。

第二个故事，尽管可能会有人争辩说是小剂量的化疗使她康复，但我更相信是那个她期盼的新生小生命给予她“希望”和“乐观”，赐予她一定要活下去的无限力量。

为什么会有这种现象发生呢？

乐观者“心理弹性”更好

乐与悲都是我们的情绪，乐观与悲观就是与这种情绪伴随地观察人生和世界的视角。积极心理学创始人马丁·塞里格曼认为，当事物没有按照我们的意愿发展时，所有人——无论是“乐观者”还是“悲观者”——都会感到暂时性的无助，两者的根本区别在于无助感的持续时间。

比如，与男朋友分手、配偶去世、罹患绝症等，都会让我们深受打击，自然产生悲伤、愤怒、害怕、无助等负面情绪。不过，当负面情绪出现后，“乐观者”和“悲观者”采取了两种截然不同的态度。

“乐观者”刚开始也会感到低落，甚至也会出现暂时抑郁，但他们深信目前的困境只是暂时的，能从困境中看到希望，相信自己一定能顺利渡过难关，所以能够迅速平复心情，跳出这种氛围。这种从打击中迅速恢复心理平衡的能力被心理学家称为抗逆力或心理弹性。

不同学者对抗逆力有不同的看法，命名也不尽相同。台湾学者称之为“复原力”，香港学者称它为“抗逆力”“压弹”，大陆有学者称它为“心理弹性”“韧性”。所有这些称呼，对应的英语都是“resilience”。其原意是弹性、弹力，指某物质能在弯曲、伸展或收缩后恢复原先形状或位置的物体性能，引申到心理学上，它指一个人面对困难、挫折、失败等逆境时的心理协调和适应能力。

所以，乐观者普遍具有较好的抗逆力。他们在遭受挫折后，能够调整心态，摆脱打击，看到希望，重新投入生活。

悲观者更易“习得性无助”

与之相反，悲观者的心理弹性欠佳。在遭受挫折后，悲观者会在相当长的时间内感到无助，觉得这种不好的经历将永远存在，对一切都感到绝望。随着时间的推移，绝望情绪让他们一直处于情绪的垃圾场，情绪甚至低落至临床上的抑郁症，深深不能自拔。

有人一定会问，悲观者为什么不去努力改变呢？为什么不像乐观者那样从逆境中挣脱出来呢？

不是因为悲观者自己不想挣脱，而是因为悲观者在挫折事件后获得的“无助感”的持续时间更长，更易“习得性无助”。

“习得性无助”这个概念是心理学家塞里格曼在1967年研究动物时提出的，当时他用狗作了一项经典实验（关于这个实验详见本章《输在了起跑线，如何超越？》一文），这项实验表明，“习得性无助”是通过学习形成的一种对现实的无望和无可奈何的行为和心理状态。

在对人类的观察实验中，心理学家也得到了与动物实验类似的结果。正如实验中那条绝望的狗一样，如果一个人总是在同一件事情上失败，他就会在这件事情上放弃努力，甚至还会因此对自身产生怀疑，觉得自己“这也不行，那也不行”。

而事实上，此时此刻的我们并不是“真的不行”，而是陷入了“习得性无助”的心理状态中，这种心理让人们自设樊篱，把失败的原因归结为自身不可改变的因素，从而放弃继续尝试的勇气和信心。比如，学习成绩差，就认为是自己不聪明，失恋是因为自己本身就令人讨厌等，从根本上自我否定。

当事物没有按照我们的意愿发展时，无论是“乐观者”还是“悲观者”，都会感到暂时性的无助。两者的根本区别在于无助感的持续时间。悲观者会在相当长时间内感到无助，绝望情绪让他们一直处于情绪的垃圾场，情绪甚至低落至抑郁症，深深不能自拔。

长期应激状态引发“心身性疾病”

乐观者之所以乐观，是他们有较高的心理弹性。悲观者之所以悲观，是因为他们更容易陷入习得性无助的状态而不可自拔。那么，悲观和乐观又会给我们的身体（生理）带来什么影响呢？

现代医学发现，癌症、动脉硬化、高血压、消化性溃疡、月经不调等人类65%~90%的疾病与心理压抑感有关。因此，这类疾病被称为“心身性疾病”，其中，“心”在前，“身”在后，也就是说，先是有了情绪或心理反应，然后才会出现身体病症。

当人类产生负面情绪时，身体里究竟会发生什么？当大脑有了积极想法时，身体又会怎么样呢？我们的想法和感受究竟如何转化为全身的生理反应呢？这就要说一说人体的生理反应机制了。

行为经济学家理查德·H. 泰勒（Richard H. Thaler）和哈佛大学法学院教授卡斯·桑斯坦（Cass Sunstein）首先提出了“蜥蜴脑”概念。他们指出，虽然人类自诩为理性动物，但事实上，我们在做大多数决定时，其决策过程与低等脊椎动物蜥蜴并无太大区别。“蜥蜴脑”被科学研究证实是掌握本能的古老部分，不是擅于分析和理性思考的那部分结构。每个人身上都有一个“蜥蜴脑”，它运转极快，能量极大，能在极短时间内轻松做出准确判断，总是在不知不觉间控制我们的绝大多数行为，包括那些事关生死的重要行为。

现代生活巨大的工作压力、经济压力、不良婚姻状况、价值感丧失、孤独感爆棚等引发了焦虑、恐惧、愤怒、沮丧、怨恨和抑郁等负面情绪。掌管人求生本能的“蜥蜴脑”并不能分辨这些负面情绪究竟来自恐惧的想法，还是现实中的真正威胁，它会自动判定“我身处危险中”，进而产生应激反应，下丘脑、垂体、肾上腺轴①受到刺激，启动战斗或逃跑机制，交感神经②产生响应，免疫系统关闭，身体做好远离危险的准备。

当身体处于应激反应时，身体的自我维持和自我修复功能都迅速停止。也就是说，身体会忽略掉睡眠、消化、再生等诸多功能，而集中注意力于逃跑、呼吸、思维、供氧和能量，以帮助个体逃生。如果身体确实面临危险，比如身后有野兽追赶，那么上述变化有助于我们逃离险境。

但如果这些负面情绪仅仅存在于心理层面，而不是由现实中的真实危险引发，那么，随着时间的推移，在长期的负面情绪刺激下，应激反应不断重复出现，身体一直得不到有效放松，免疫系统就会变得越来越弱，不能完成足够的自主修复。这时，身体就会出现一些小问题，比如身体发炎、伤口愈合变慢、抗感染能力下降、器官受损，过去癌细胞能够被免疫系统消灭，而现在只会迅速扩散、自然生长，最终导致各种疾病发生。这就是“心身性疾病”之所以得名的原因。

让大脑多产生“积极的想法”

令人庆幸的是，神经心理学家用大量的实验研究告诉我们，人类有能力控制“蜥蜴脑”反应的发展方向，诀窍就在于让大脑多生产“积极的想法”。当我们感受到关爱、交流、亲切、愉悦和希望时，下丘脑会

---

① 下丘脑、垂体、肾上腺轴三者之间互动构成了 HPA 轴，HPA 轴是神经内分泌系统的重要部分，参与控制应激的反应，并调节许多身体活动，如消化、免疫系统、心情和情绪、性行为，以及能量的储存和消耗等。

② 交感神经和副交感神经是自主神经系统的重要组成部分，一般内脏器官都由交感和副交感神经双重支配，当剧烈运动或处于不良环境时，交感神经活动加强，调动机体许多器官潜力提高适应能力来应付环境的急剧变化；而当机体处于平静状态时，副交感神经的兴奋占优势，有利于营养物质的消化吸收和能量的补充。

停止产生应激反应。

比如，你在生活中乐观积极，感受到爱与被爱，受到鼓励与支持，心理健康或性生活和谐时，放松反应就会自然而然地取代应激反应。此时，交感神经系统会关闭，皮质醇和肾上腺素指标下降，副交感神经系统开始工作，免疫系统恢复正常，身体又能够开始进行自主修复，防止各种病菌的入侵。于是，本来就身体健康的人更不易生病，而对于原本的病人，被治愈的可能性则会大大增加。

由上可以得出结论，积极心理能够主导身体开始自愈，能够治愈一些疾病。就像我们在前面讲到的第二个故事中，那个身患白血病却奇迹般病愈的小女孩，不是什么超自然现象，而是自然的心理—生理反应。

改变自己看待世界的方式

有人说，我天生就是一个悲观者。如此，真的就没办法改变了吗？

心理学研究发现，人生中有 50% 的快乐由基因决定，10% 的快乐是由改变生活环境带来的，剩下的 40% 由我们自己看待世界的方式决定，属于自己可以有效控制和影响的部分，在人与人之间有着很大差异。换句话说，乐观是可以培养的，只要我们能有效控制那剩下的 40%。

建议一：每天写一篇感恩日记。塞里格曼曾进行了一项研究，教严重抑郁者产生快乐的一个简单方法，就是每天写下他们看到的 3 件好事。15 天后，他们的抑郁程度从“严重抑郁”变成了“轻微抑郁或中度抑郁”，94% 的人感到明显好转。

改变生活环境，如拥有完美的工作、孕育孩子、赚更多钱、有更高地位等，带来的快乐远小于我们的想象，而且通常并不持久，高兴一小段时间后，随即恢复到情绪的平日状态。这是由于人类“享乐适应”

（hedonic adaptation）的强大力量。心理学家菲利浦·布里克曼（Philip Brickman）和唐纳德·坎贝尔（Donald Campbell）说，人类拥有一种令人吃惊的能力，可以迅速适应环境的改变，凭借这一固有的本领，人类可以在时间进程中保持情感的平衡，即使是最意外的紧张和最痛苦的情境，只要持续足够长的时间，也会最终被视为“正常”。

但是改变自己看待世界的方式，却可以给我们带来人生中大约40%的快乐。比如前面提到的写感恩日记，打造自己的社会支持系统（经营好家庭和朋友关系），把注意力转移到有意义的活动中去（做志愿者）等等，这些方式对培养快乐更有效。

建议二：使用ABC乐观思维训练法。这是塞里格曼提出的一种培养乐观思维的方法。A（Adversity）代表负面事件；B（Belief）代表负面事件发生时，内心自动生成的想法和解释；C（Consequence）代表负面事件引起的感受和行为（结果）。

通常，人们以为是负面事件A导致了负面结果C，而没有意识到，其实是负面事件A先引起了内心的想法和解释B，而B导致了负面结果C。正如认知心理学派的艾皮科蒂司塔所说：“人类不是被问题本身所困扰，而是被他们对问题的看法所困扰。”

所以，要想改变结果C就要先改变信念B。正如中国古语所说，“塞翁失马，焉知祸福”。但由于B通常是自动化、潜意识的，因此需要经过专门的训练。

例如，今天你给一个好朋友发了条微信，一直到中午这位朋友都没有回复（A事件）。如果你的想法是：“这位朋友一定是讨厌我了，我不是一个合格的朋友”（B观念），于是，你就郁闷了一整天（C后果）。一旦你捕捉到这种下意识的悲观想法已经产生，并且带来了负面情绪，就可以利用下面两种矫正法。

一是分散自己的注意力，打断自己在这件事上的深入思考，或者安排晚些时候再对悲观想法做深入思考，这样可以缓冲“钻牛角尖”的情绪。比如，你的朋友中午还没有回信，你就把下午和晚上安排得尽量充实，让自己没时间去深入琢磨，心里告诉自己“等明天再说”。也许晚上这位朋友就给你回复了，而更大的可能是，到了第二天，你虽然还会因为他没有回复而郁闷，但情绪上已经没有那么激动了。

二是像辩论赛一样，与自己辩论，寻找其他可能的解释 B_2，这可能是最为有效的方法。比如，你原本的解释 B_1 是：“这位朋友讨厌我，我不是一个合格的朋友。”那有没有其他可能呢？你可以这样与自己争辩，“也许很忙，根本就没有看到我发的微信”，“也许看到微信本来想回复，但是被别的事情绊住了”，或者想“看我多么善解人意啊，他没有回复我都不生气，我真是个不错的朋友”……按照这样的归因方式，重新选择解释 B_2，从而摒除因悲观想法而产生的不良情绪。

我相信，悲观者并不愿沉溺于悲观情绪，只是苦于没有方法摆脱惯性思维，而乐观者也并不总是积极向上，毕竟人生世事难料。希望本节内容可以帮助大家远离“心身性疾病”，即使在苟且的生活中，依然可以感受到诗和远方。

驱散消极心态，让生命充满阳光

在上一节，我们刚刚分析出悲观者并不愿沉溺于悲观情绪，只是苦于没有方法摆脱惯性思维，所以我们分享了一些办法来改变自己看待世界的方式，比如每天写一篇感恩日记，ABC 乐观思维训练法。

悲观者通常有消极心态，乐观者在遇到困境、遭受挫折时也会有消极心态。在工作、生活和学习中，我们都有过这样的体验：对很多事情都不感兴趣，对发生的一切漠不关心；遇到事情时总认为自己肯定做不好，也懒得去做；同时，情绪比较低落，遇到一点小事就容易发脾气、失望、抱怨、压抑、沉闷，更有甚者还会出现食欲减退、四肢无力等生理症状。

这种心境被称为消极心态。拥有消极心态的人，不仅容易情绪低落，意志消沉，严重的还容易患上多种生理疾病，甚至会做出一些对抗社会的行为，如破坏公物、乱闯红灯、刻意制造噪音等。而且，在做这些引起别人不方便或愤怒的行为时，自己还会有一种解气解恨、刺激过瘾的感觉。

接纳自己的暂时消极

消极心态通常产生于以下三种情况。

一是，悲观预测产生悲观情绪。在某些环境影响下，人们的预期目标无法实现，会产生“无论我怎么做都没有用”，或者“无论我怎么努力，结果早已注定”等悲观预期。在悲观预期下，自己放弃了努力，任由悲观情绪弥散，暂时的悲观情绪发展成较长时间的消极状态。

二是，实际发生的挫折事件引发消极状态。经济上长期面临压力，在亲密关系中伤痕累累，人际关系剑拔弩张，一不小心充当了办公室政治的炮灰，不适应新环境等等现实困境造成了更持续的消极状态。

三是，个人抵抗悲观情绪的能力各不相同。有人坚如磐石，有人脆弱似纸，造成这种巨大差异的原因包括个人才智、体能、生理状况、价值观、抗逆力、思维习惯等内在的差异，也包括每个人设定的目标的实现难度以及距离目标的远近程度等差异。

大多数人都可能在某个时期或某种特定情景下出现暂时性的消极心态。现实中，若要永远保持积极心态，几乎是不可能的。人生不如意之事十之八九，没有人会一帆风顺，遇到了困难，遭遇了挫折，有忧虑、悲伤、愤怒、沮丧等消极情绪是正常的，没有什么情绪是需要我们刻意回避的。

只是，如果任由这些消极心理状态不断强化和积累到一定程度，就不再是短暂的心理反应，而可能发展成异常心理。因此，我们需要借助一些技巧催生积极情绪，在异常心理出现之前，就让暂时性的消极心态烟消云散，让生命重焕生机。

针对消极心态出现的三方面原因，我们分别给大家推荐九种方法。

如何消除“悲观预测产生的悲观情绪”

这种因素产生的消极心态，与真实发生的挫折并不相同，它更多地是在事情尚未发生之前，自己就先对自己丧失信心，放弃努力。针对这一情况，我们提供两个方法，以帮助你改变自我认知。

一是，正确“认识”自我。

苏轼曾说：“人之难知，江海不足以喻其深，山谷不足以配其险，浮云不足以比其变。”人之复杂，可见一斑。尽管我们那么多年一直在不断进行自我探索和自我评价，可是，对自我的认知仍存在一定的偏差。自我认识不足是导致消极心态的主要原因之一。

有的人幼时过于依赖家人，长大后不能适应社会，多次竞争失败，自卑，自怜，总认为“你行，我不行”，束缚自我，贬抑自我，结果是焦虑剧增，最终毁了自己。有的人自命不凡，自吹自擂，实则内心深处并不自信，他们不像自卑自怜者那样关闭自我、自怨自艾，而是自傲、自负，他们持有的自我概念是“我行，你不行”，结果只是欺人一时、欺己一世。

无论是自卑自怜者，还是自傲自负者，都在用歪曲的形式对待自己，实际上是不能接纳真实的自我。换句话说，他们对真正的自己并不满意。

正确认识自己，需从正确评估自己开始，自知的我、隐藏的我、迷茫的我和未知的我，都是“我”，对自知的我不否定，对隐藏的我不避讳，对迷茫的我积极探索，对未知的我开放接纳，遇事既不轻言放弃，亦不狂妄自大，接受全部的自我，才可奔向理想的自我。

二是，用好“自我暗示”。

“暗示效应”在日常生活中非常普遍。比如，你可能有过这样的体验，一道新菜上来，尝尝貌似没有什么特别味道，当听完别人详细的介绍后，却渐渐品尝出了菜的新奇和独特。这就是暗示在起作用了。

暗示分为“自我暗示”和“他人暗示”。“自我暗示”是指个人通过语言、形象和想象等方式，对自身施加影响的心理过程。这种暗示常常在不知不觉中，对个体意志、情绪和生理状态产生十分重要的影响。就像很多人在登台演出或比赛之前，都会对着镜子里的自己，告诉自己："你是最棒的。"

这种"自我暗示"有其科学的一面。一家德国健康杂志《生机》曾经报道：某项研究发现，人的自我暗示可能治愈60%~70%的不适和疾病。比如，一些癌症晚期患者在与病魔顽强对抗的过程中，可以靠意志力出现生命的奇迹，这也是自我暗示在起作用。

因此，在工作、生活和学习中，我们要善用"自我暗示"，遇到必须要面对的事情，多对自己说"我能行"。通过坚定的自我暗示去影响自己实现目标的意志和情绪。你会看到，人类的意志力可以创造出我们自己都难以相信的奇迹。

如何面对"实际感受到的挫折"

当挫折已经发生的时候，产生负面情绪是很自然而然的。但是，我们仍有办法改变由挫折引发的消极状态。在这里，给大家提供三条建议：

第一，利用"酸葡萄效应"和"甜柠檬效应"。

"酸葡萄效应"出自《伊索寓言》，说的是一只口渴的狐狸因为吃不到树上的葡萄，便说葡萄是酸的，从而安慰自己。这个寓言引申为当人们得不到某个东西时，便赋予其消极意义，认为它其实并不是什么有价值的东西。比如，一个长相一般的人，会自我安慰说："漂亮有什么用，不能当吃，又不当喝。"一个收入平平的人，可能会对别人说："赚多少钱才够呢？生不带来，死不带去，钱多了还惹祸。"

而"甜柠檬效应"恰恰相反，它同样来自一则寓言故事。饥饿的狐狸没有找到可口的食物，仅仅找到一个酸柠檬，但狐狸却说："这柠檬真甜，正是我想吃的。"这个故事引申为人们在追求预期目标而失败时，为了冲淡自己内心的不安，就提高对已经实现的目标的评价，从而达到

个体长期积累的消极情绪如果得不到合理宣泄，就会在潜意识层形成“暗流”。为了不使“暗流”溢出，我们会在心里高筑堤坝，开始与外界隔绝，出现忧郁、孤独、苦闷和窒息等感受。或者“暗流”冲破堤坝，使人外显为自虐、伤害他人、精神失常等异常行为。所以，对待消极情绪，就像大禹治水，堵不如疏。

心理平衡。比如，有的人高考发挥失利，考上了一个离家远的普通大学，他可能会说："我正好想离父母远一点呢，这样多自由，这就是我想要的。"

想必大家也都发现了，不管是"酸葡萄效应"还是"甜柠檬效应"，都是我们主动采取的一些自我安慰的方式，通过改变认知，帮助自己从挫折、懊恼的情绪中解脱出来。这是一种情绪上的自我保护机制，可以对个体的心理健康发挥一定的积极作用。

但是，这两种效应有点阿Q精神，多少带了点自欺欺人的味道，如果使用过于频繁，会在一定程度上削减我们努力奋斗的动力。所以，在生活中，还是要慎用这两种效应，除非你已经陷入了深深的挫折之中。

第二，合理宣泄消极情绪。

心理学研究发现，个体长期积累的消极情绪如果得不到合理宣泄，就会在潜意识层形成"暗流"。为了不使"暗流"溢出，我们会在心里高筑堤坝，久而久之，堤坝越建越高，在心里深处开始与外界隔绝，出现忧郁、孤独、苦闷和窒息等感受。或者"暗流"冲破堤坝，使人外显为异常行为，比如自伤、自虐、伤害他人，甚至精神失常。所以，对待消极情绪，就像大禹治水，堵不如疏。

比如，遇到重大感情创伤，痛哭就是一种合理的宣泄方法。所谓痛哭，就是"流泪而放悲声"，不是故作坚强，强忍眼泪。

比如，遇到情绪困扰时，找亲朋好友倾诉心中的郁闷，也是情绪调节的好方法，一方面可以使不良情绪得到发泄，另一方面可以得到更多的情感支持，得到一些良好建议和解决问题的启示，增加克服困难的勇气。当然，这就要求我们平时建立自己的社会支持体系，拥有可以方便联系的亲朋好友，而不是遇到困扰时再临时去找。

当我们通过某种合理方法把消极情绪宣泄出来后，你可能会突然发现，曾经困扰你的、让你产生不良情绪的事件，现在看来已经没那么严重了。因为人类情绪有时候是爱“钻牛角尖”的，而我们上面提供的各种方法，可以帮你打开一扇新的情绪大门。

第三，转移注意力，升华挫折感。

当我们感到消极时，不妨把注意力从消极事件、紧张心理、焦虑情绪转向其他事物，比如去大自然走走。登上高山，顿感心胸开阔，凝视大海，万事随风飘散，走进森林，万物清新宁静……这些美好的感觉都有助于疏郁理气。

情绪不好的时候，还可以通过整理房间、逛街购物、做运动、听音乐、练瑜伽、看电视剧等不同方式，排遣内心不快。当我们做这些事的时候，大脑开始分泌多巴胺类物质，这些物质会让我们产生快乐愉悦的感觉，从而摆脱挫折感造成的情绪“低压”。

当然，我们还可以升华挫折感，把压抑的情绪冲动转移到社会的其他活动中去，比如写作、绘画、雕塑等创造性工作，使自己的精神有所依托，获得新的、更高的精神满足。德国诗人歌德创作《少年维特之烦恼》，法国文学家罗曼·罗兰创作《约翰·克里斯朵夫》，画家达芬奇创作《蒙娜丽莎》，都是他们在遭受情感挫折后，将苦闷和压抑转移到艺术，在艺术上升华的结果。

如何提升“个体抵抗悲观情绪的能力”

每个人抵抗消极状态的能力各不相同。在这里，为大家提供四点小妙招。

第一，使用积极表情改变心理状态。

心理学研究发现，表情可以改变人的情绪，行动可以引导人的思维。这里面的发生机制，类似于条件反射，也就是表情不只是我们内心的反映，也会引导心理去配合表情。

你是否有过这样的经历？某天你难过得正要掉眼泪，突然有人走过来，为了不让这个人看见你在流泪，你瞪大了眼睛，皱了皱眉头，眼泪就又回去了。这是因为你做出严肃表情后，你的心理配合了表情，减少了难过。

当你产生消极情绪，心情不好的时候，不妨做出一个积极的表情，它可以帮助你驱散消极情绪。比如，对着镜子给自己一个灿烂的笑容或做出一个加油的动作，笑容甚至不必是发自内心，哪怕仅是面部表情肌的机械动作，你的心情也会变好一些。你笑得越逼真、越舒展，动作越给力、越夸张，心情变好的效果就越明显。

第二，培养幽默感。

心理学家曾经做过一个关于幽默、笑和身体健康的研究。研究发现，幽默和笑对身体健康都非常有益，幽默在保持心理健康上有着奇特的功效。究其原因，笑的动作能使人的身体机能发生变化，可以减少肌肉紧张，增加血液含氧量，释放内啡肽，这些生理变化与人的积极情绪有着正相关关系。

当然，幽默的方式可以多种多样，比如，一个动作、一次演讲或一段文字，只要能让人感到放松和开心就好。

第三，让情绪延迟 3 秒钟。

当有人触怒你时，有的人会自己咽下委屈和难过，有的人会暴跳如雷，用更加激烈的方式对抗对方。

而我们的建议是，“让情绪延迟 3 秒钟”，也就是在做出决定之前，请使自己暂停 3 秒，在心中默数“1、2、3”，然后再继续表达自己的情绪、行为或决定。在这 3 秒钟里，有可能对方已经开始解释这是个误会，也有可能你的情绪发生了改变，还有可能周围有人出言劝阻。总之，给自己 3 秒钟延迟，也许，很多事情就会变得不一样。

认为“事出有因”和“情有可原”，都是同理心的运用。而同理心要能发挥作用，首先需要做到情绪延迟，然后才有可能体谅他人、多想好处，淡化自己的愤怒和不快。

第四，助人行为提升快乐感。

瑞士著名教育家约翰·亨里希·裴斯泰洛齐（Johan Heinrich Pestalozzi）曾说："热爱与同情，可以拯救头脑昏乱、受了惊吓的人。"研究发现，当我们自愿贡献出自己的时间和精力去帮助有需要的人时，体内会释放内啡肽，就会体验到心情愉悦，这种快乐被称为"助人者的快感"，有助于助人者的健康。那些习惯性去帮助别人的人，相比那些不去帮助别人的人，健康的概率可能是后者的10倍。"做好事"看似帮助了别人，其实也同样帮助了自己。

成功学大师拿破仑·希尔说："人与人之间只有很小的差异，但这种很小的差异却往往造成了巨大的差异。很小的差异，指的是个人所具备的心态是积极的还是消极的，而巨大的差异就是成功或失败。"

“老年节后空巢症”，如何帮助父母面对孤独？

小区有位刘大娘，60 多岁，身体康健、满面红光，每天上班的路上，我都能看到她在健身，而且风雨无阻。

春节前的一段时间，刘大娘的身影突然消失在健身区，我还以为她回老家了，结果在超市购物的时候偶然遇到她，才知道她在外地工作的一儿一女今年要回北京陪她过春节。

老人特别高兴，从过小年那天开始，她就忙得连轴转，打扫房屋、擦玻璃、熬制女儿最爱吃的猪皮冻、炸好儿子爱吃的肉丸子、亲手撒年糕，没有时间去健身了。

一转眼，春节假期结束。可是，在上班的路上，我还是没有看到刘大娘矫健的身影。一次在小区门口偶遇，她刚从药店走出来，面色憔悴，与年前的精气神儿差异很大。

刘大娘说，儿女初六早上就一起离京了，孩子走了以后，她就觉得坐立不安，睡觉也不踏实，总觉得有很多事情需要做，却浑身没劲儿，感觉懒得动，心情也会莫名地烦躁，一点小事就容易发脾气，吃饭也没什么胃口，所以就出来买点胃药。

刘大娘的话，说明她很可能是得了“老年节后空巢症”。

什么是“老年节后空巢症”？

有资料显示，目前我国“空巢”家庭已接近50%。上了年纪的“空巢”老人，期盼着节日前夕孩子们从四面八方回来，全家团聚，热热闹闹、欢欢喜喜。可是，假期一过，儿女们各奔东西，刚刚还是阖家欢聚，转眼间又冷冷清清。

这种短时间内家庭氛围的大起大落，对老人的心理是个很大的挑战。如果老人心理不适应状态较重，就会出现情绪焦躁、寝食不安等情绪和行为反应，这就是“老年节后空巢症”。

为什么会产生“老年节后空巢症”？

发展心理学中，一般将60岁至死亡这一人生的最后阶段，称为老年期。老年期具有特殊的心理状态和人格特点，“老年节后空巢症”的出现，也与此有关。

首先，子女暂时回到身边又要很快离开，是造成老人节后孤独的直接诱因。孩子是父母永远的牵挂，也是父母最大的慰藉，特别是对中国父母来说，更是如此。

其次，老年人会产生不安全感。无论这个人在年轻的时候有多大的本事和能耐，到了老年某个时刻，都会不由自主地开始产生一种对他人的依赖感。

这种时刻，可能出现在父母面对各种银行自助终端机，或机场电子大屏幕，感到眼花缭乱、不知所措的时候，也可能是他们感到身体不舒服，腰酸背痛、力不从心，需要照顾的时候，可能是拿着智能手机，不知如何使用的时候，还可能是看着超市里越来越贵的蔬菜水果，意识到自己的退休金越发不够用的时候……

总会有那样一个时刻，他们无比清晰地觉察到，“我老了，需要更多依靠别人了”。由此，不安全感、不自信感开始像野草一样在心田疯长。独处的时候，他们更感觉到各种不自在。

不安全感的产生，既是因为生理上发生退行性变化（如记忆减退、头晕眼花、体力不济），也因为心理衰老的意识强化，对死亡恐惧的防御反应过度，以及退出了社会主流文化、得到的关注较少等社会文化原因。

第三，饱受失落感和孤独感的侵蚀。退休之后，多数老年人失去了职场角色。曾经被下属毕恭毕敬对待的领导成了一个普通老人，逢年过节仿佛被遗忘在二次元空间，连个问候的短信都收不到了，这是权势失落感。

之前上班的时候每天忙忙碌碌，办公室一堆人热热闹闹的，结果退休后发现自己闲得不知道该做点什么，家里冷冷清清，连个说话的人都没有，这是群众失落感。

以前是家庭的顶梁柱，家里的大小事情都以自己的意见为主，现在明显觉得说话做不了主了，孩子的主意比自己多、信息比自己快、人脉比自己广，自己在家里的地位有所下降，这是家庭失落感。

当家庭之外的社会地位和职业失落感越发强烈的时候，老人只能通过家庭亲情来重新定位自己的价值，把子女当成最大的精神和情感寄托。

据全国“老年人健康所需的精神文化生活条件”的调查结果显示，老年人最希望的分别是：第一，子女关心体贴老人，主动帮助父母做事情；第二，经常与老人交流沟通，相互理解，和睦相处；第三，子女为人正派，有上进心，努力工作，不让老人操心；第四，夫妻之间关系和睦，互敬互爱，感情上相互依恋，生活上相互帮助。显然，老人最在乎的前三件事都与子女有关。

上了年纪的“空巢”老人，期盼着全家团聚，热热闹闹、欢欢喜喜。可是，假期一过，儿女们各奔东西。短时间内家庭氛围的大起大落，对老人心理是个很大的挑战。如果老人心理不适应，就会情绪焦躁，寝食不安，这就是“老年节后空巢症”。

如何帮助父母做不“孤独”的老年人?

第一，支持爸妈“认真玩乐”。其实，退休不是生命的停滞，而是一段新的美好生活的开始，正如美国那位 87 岁还去上大学的老太太萝丝那句轰动世界的话：我们不是因为年老而停止玩乐，而是因为停止玩乐才会变老！

鼓励并支持父母趁着身体康健，四处游山玩水、品鉴美食，释放压力、刺激想象，鼓励他们勇于“玩乐”，快乐地活在当下，没有竞争或得失，只是回归最纯粹的“玩乐”。要知道，只要保持乐观心态，咱爸妈可以活成让年轻人羡慕的模样，更加健康长寿。

第二，为爸妈提供各种信息，鼓励他们开发新的兴趣爱好。英国哲学家罗素曾说：“强烈的爱好使我免于衰老。”中国广场舞大妈的精神头儿足以为此话背书。

经常与爸妈交流一些发展自己兴趣爱好的例子，鼓励他们选择一种自己感兴趣，也可以发挥智慧、知识和能力的生活方式，比如去老年大学学书法、跳舞、手工、唱歌等。书法可以静心，跳舞可以解忧，唱歌可以抒情，手工可以健脑，随他们挑选。当然也可以与爸妈沟通，共同分析，支持他们继续积极进取，创立事业第二春。

我认识一位老年朋友，曾经一度因为孙子上幼儿园，不再需要她的帮忙而挺失落。后来她在社区当上了家庭纠纷调解员，重新找到了让自己发光发热的“岗位”。现在每天工作热情十足，兢兢业业，就连儿子计划要“二胎”，她都直言拒绝了“带老二”的邀请。这位快 70 岁的老人，经常让我推荐一些心理学的书籍给她，说心理学知识对调解家庭纠纷很有帮助，每天戴着老花镜坚持看书 2 小时，学以致用，自得其乐。

第三，为父母购买一些修养身心、诗词歌赋、历史传记等类的书籍，让父母的精神世界有机会在更纵深宏大的历史中与古人沟通交流，摆脱现实中的不平与不舍。

孩子离家，父母可以千般不舍，但不必万般无奈。曾经有一位年过八旬的老人说过一段话，颇温情且豁达。“你来或不来，家就在这里，不离不弃；你走或不走，我就在这里，不舍依依；你忙不过来，我给你搭把手儿，你忙得过来，我就回去做个潇洒的自己。”

第四，支持父母把主要精力放在陪伴老伴和老友上。俗话说得好，少年夫妻老来伴，子女都离开了，只剩夫妻之间相互扶持、相互体贴，你帮我递杯水，我提醒你吃药，再拉上几位老友一起外出踏青、品茗畅聊。只有当父母的精力不再只围着孩子打转的时候，才是彼此都比较放松的时候。当父母遇到“心结”的时候，主动与父母积极沟通，并支持他们寻求亲人和朋友的帮助，必要的时候也可以在征求老人同意的基础上，帮他们寻求心理疏导。

早知无计留春驻，笑拈残红葬落花。时间给我们最公平的馈赠，恐怕就是慢慢变老了。

父母“空巢”，非我本意；但努力让父母“不孤独”，却是我辈之责。如果你不能在身边陪伴父母，请把本书赠送给他们，让他们看到这篇文章，至少让他们知道，你还惦记着他们。

最后，祝咱爸咱妈身体心理同健康，远离“老年节后空巢症”！

如何面对至亲的别离？

清明时节雨纷纷，路上行人欲断魂。清明节前夕，就连空气中都多了一份湿润的悲伤。

在清明节、中元节、寒衣节和生辰或逝世纪念日，我们会悼念先人、寄托哀思，也更容易在这段时间去思考生命的意义和生老病死。

所以，我们就来聊一聊生命临终状态的不同阶段的心理特点，希望可以帮助一些朋友更好地了解自己或病重的家人。

患病的老人，苦恼的儿子

有一位朋友，最近很闹心，因为他的父亲刚被查出癌症，且已到晚期。家人本来想瞒着他，结果没瞒住，老人还是知道了。

知道诊断之后，老人整个状态都不对了，情绪非常激动，大骂医生是庸医，医院是要骗他的钱，拒绝治疗，坚持要出院。家人拗不过他，只能为他办理了出院手续。回到家中，父亲表现得特别开心，说“别听那些庸医瞎说，我啥毛病都没有”。

这位朋友很苦恼，不知道该怎么去面对父亲的病情和心情，于是跑来寻求帮助。

我告诉他，这是正常的现象。按照库伯勒·罗斯（Kübler Ross）对临终老年病人的心理状态划分，他的父亲正处于第一个阶段——否认阶段，未来几个月里，还会陆续经历愤怒、乞求、抑郁、接纳等不同情绪的改变。

临终状态分五段

按照库布勒·罗斯的理论，临终病人的心理和行为并不是一成不变的，而会随着时间的流逝发生各种变化。我们把临终状态的过程大致分为五个阶段。

第一阶段：否认阶段。病人刚刚得知患病的消息，得知自己濒临死亡，由于对疾病的严重性没有做好思想准备，出于一种自我防御的心理，会否认、怀疑医生的诊断。这种否认，其实是为了暂时躲避病症给予的压迫感，也是为了暂时躲避死亡临近的巨大恐惧。

也有些病人，虽然不知道自己的具体病情（家属隐瞒），但了解到自己可能会死亡后，为不使家人过度悲伤，强装笑脸，故作欢颜。但是，在面对知情者，或者特别信任的人时，他们会哭诉真情，以减轻自己的内心痛苦，并且期望出现治疗奇迹。

第二阶段：愤怒阶段。当病情开始趋于危重、难以否定时，病人开始表现出生气、愤怒、怨天尤人的情绪。“我一辈子没干过违法乱纪、蒙昧良心的坏事，为什么老天爷要这么对待我？这不公平啊！”或者“为什么是我而不是别人得这种病？”这样的想法每天萦绕在脑海中。

这种愤怒情绪的出现，一方面说明他们已经接受了自己患绝症的现实，另一方面又表现出对其他健康人的敌意，这种潜在的敌意，通常会向身边最近的人宣泄。所以，处在第二阶段的病人，常常责怪上天、迁怨家属及医护人员，以发泄他们的苦闷及无奈。常有家属和医护人员形容这个阶段的病人“情绪急躁、脾气古怪、挑剔、难以取悦”。

第三阶段：乞求阶段。在这个时期，病人的情绪再次发生明显改变，开始期待奇迹的发生，幻想自己可以痊愈，或者期盼延长寿命，要求活到自己可以完成某些重要事情。

这个阶段，病人还存着希望，会提出种种要求，也愿意努力配合治疗，甚至会主动四处求医问药，使用各种偏方土法，以求取得效果。比如，求神拜佛喝符水，用童子尿做药引子，生吃蚂蚁等等。

第四阶段：抑郁阶段。当病人知道自己不论怎么努力配合治疗，穷尽中西医各种手段，都无法逃脱死亡之后，便会进入重度抑郁状态。

这个时候，他们的表现是极度悲伤、情绪低落、食欲减退、体重下降等，整个人憔悴不堪，严重的时候，还会出现自杀倾向。因为他们觉得，反正也好不了了，活着也是拖累家人，还不如就此放弃生命，让自己和家人都解脱。

所以，此时的病人会体验到绝望以及一种大限将至的悲哀。作为家人，我们在全心陪伴的同时，也要注意与他们说话的措辞和语气，避免让患者觉得自己被嫌弃了，或者自己的存在让家人不耐烦了。

第五阶段：接纳阶段。到了这个阶段，病人才开始从心理上真正接受死亡的到来，以及与之俱来的一切。多数病人开始有所准备，比如，立下遗嘱，分发贵重物品，进行大额捐赠等。

在做这些事情的时候，他们的心情相当平静，反而会去安慰家人。此时的平静，不像第一阶段的假装镇定，而是发自内心地接纳死亡，安静地等待死亡的降临。

终点相同，路不同

当然，这五个阶段是一般性的心理发展规律，在实际生活中，我们

临终老年病人的心理会经历否认、愤怒、乞求、抑郁、接纳等不同阶段。在否认阶段，病人刚刚得知自己濒临死亡，出于一种自我防御，他们会否认、怀疑医生的诊断。这种否认，其实是为了暂时躲避压迫感，也是为了暂时躲避死亡临近的巨大恐惧。

也会看到一些不同的例子。

这五个阶段并不是必经的，有出现跳跃发展的可能。比如，有的患者在得知患病之后，直接跳过否认和愤怒这前两个阶段、直接进入第三阶段，开始忙着寻医问药；而有的患者会从第二阶段跳过第三阶段、直接进入第四阶段，从愤怒到抑郁可能只是一夜之间的事情。

临终者停留在每个阶段的时间也大不相同。比如，有的患者可能迅速度过否认阶段，但在愤怒阶段停留很久；而有的患者可能在乞求阶段花了大量的时间和精力求医问药，病情几次反复，多次失败后，经历短暂的抑郁阶段，就较快地进入接纳阶段，转为平静。

临终者还可能没机会走完五个阶段。在经历五个阶段的心理转变的同时，病情也持续发展，并不是所有的临终者都有机会走完全程。有的患者在第三或第四心理阶段的时候，就已离开人世。

小 结

这个话题并不轻松，写的时候，我的心情也很沉重。生老病死，是客观规律，无可逃避，我们终将面对。

但是，我衷心地希望临终者和临终者的家属依然心存美好。因为，比起那些突降横祸、对死亡没有任何准备就离世的人来说，经历临终心理历程的病人至少还有机会在自己人生的最后时光，与家人、好友和挚爱好好地告别。

生死间有大恐惧，生死间亦有大智慧。我不敢妄言已看透生死，但会鼓励自己直面恐惧。希望我们都可以。毕竟，谁又能肯定，死亡不是一次新旅程的开始呢？

第三章

看清婚姻关系的本质

爱情也是有理论的，你知道吗?

在2017年的一部热播剧《我的前半生》里，有一位很有意思的人陈俊生，他与办公室的凌玲感情出轨，最终抛弃了结婚多年的妻子罗子君，另组家庭。

其实，凌玲既不年轻也不漂亮，也没有罗子君会打扮，自己还带着一个男孩，经济非常拮据。可就是这样一个单亲妈妈，却成功地从阔太太罗子君手中抢走了她的丈夫，住进了她的豪宅。当然，她是耍了一些手段的，可即使陈俊生与她结婚后发现了她的本来面目，也依然选择原谅，并没有抛弃她。

很多观众对陈俊生的情感背叛嗤之以鼻，甚至站在道德的制高点抨击其婚内出轨。尽管在后来，他力助前妻罗子君自力更生、重返职场，可身上依然贴着“负心汉”的标签。后来，陈俊生与凌玲重组的家庭也出现了各种问题，他感觉很苦恼，借酒浇愁，可是不少观众却在屏幕外大呼解恨。

在我看来，陈俊生是真的爱着凌玲的。因为，在陈俊生对待凌玲的态度上，我看到了爱情的存在。

爱情是什么？

爱情，是世界上最神秘的情感现象，是千百年来文人墨客不吝笔墨讴歌的炽热情感，是无论世事如何变迁，人心如何变幻都经久不衰的永恒主题。它比友情更浓烈，比亲情更深沉，比美酒更醉人，比毒药更伤神。

而在心理学家眼中，爱情又是什么呢？爱情，是人际吸引最强烈的形式，是身心成熟到一定程度的个体对异性产生的有浪漫色彩的高级情感。

心理学家鲁宾在1970年特别撰文分析了爱情与喜欢的区别。两者的区别主要表现在三个方面：

第一，爱情的依恋程度更高。在孤独时，你会高度特意性地去寻求你爱的那个人的陪伴，而其他人无法带来同样的陪伴效果，只有那个人才可以。

就像在《我的前半生》剧中，陈俊生每天晚上都在办公室加班工作到很晚，而凌玲的默默陪伴给了他心灵的温暖和慰藉，让他感受到不是自己一个人在孤军作战。当然，办公室里加班的肯定不止凌玲一个，但是陈俊生却把她的这种陪伴看得很重。相反，妻子罗子君也是每天等着他下班回家，可是回家之后，他只感到妻子疑神疑鬼地不理解，感到她很烦。

就像陈俊生自己说的，“与凌玲两个人坐在车里，就算一句话都不说，心里也是觉得温暖的。”显然，陈俊生对凌玲的依恋程度很高。

第二，爱情的利他性更强。虽然对于你喜欢的人，你都愿意关心，但只有对与你陷入恋爱关系的人，你才会高度关怀对方的一切，甚至愿意为了对方的开心而放弃自己的需求。就像很多影视作品中的男二号，深情款款地为女主角倾尽所有，最后还心甘情愿地把女主角送入男主角的怀抱，送上祝福后，黯然离去。这就是爱情的利他性。

比如，最近的热播剧《南方有乔木》中的常剑雄，喜欢女主角十几年，总是在女主角需要的时候及时出现，为了不给女主角增添负担，默默做了很多事情而不让对方知道。一发现女主心有所属，他就立刻退出，给自己的定位就是“远远看着她幸福就好”。

第三，爱情的亲密程度更高。性作为爱情的核心成分，是人类最亲密的肢体接触。虽然，当今社会性观念比以前开放得多，人们对于婚前性行为也不像过去那样排斥。可是，从珍惜自己的角度来说，性行为对于绝大多数人而言，依然不是一件随便的事。性依旧是建立在爱情基础上的自然行为，而非仅是肉体欢愉。

我之前曾遇过一位来访者，他与妻子已经情感破裂，打算离婚。我问他，为什么会觉得自己与妻子完全没有和好的可能呢？他说，为了孩子，两个人也曾试图修复感情，可是当他发现自己对妻子的裸体无动于衷、完全没有感觉的时候，“我就知道，我们彻底完了”。

爱情也分种类

斯腾伯格在 1988 年首次提出爱情三元论，认为爱情是由亲密（重视彼此、喜欢、理解与期待）、激情（魅力与性吸引）和承诺（决定稳定发展关系）三种成分构成的三角形。

其中，亲密是爱情的情感成分，激情是爱情的动机成分，而承诺是爱情的认知成分。由于这三种成分在爱情中所占的比例会不断变动，所以共有 7 种类型的爱情形式。

第一种，喜欢式爱情。只有亲密，双方仅仅是单纯的喜欢在一起，温情脉脉，但是情感并不浓烈，无论开始还是结束，这段爱情都像一杯淡淡的蜂蜜水，有点甜，仔细品味又似乎没什么。

爱情三元素论

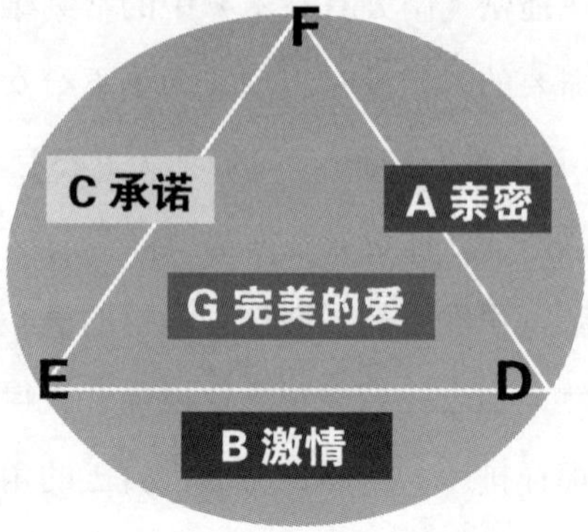

我曾经遇到一位来访者，二十多岁，谈了至少 10 次恋爱。据他自己说，每次恋爱都是认真的，也都投入了感情，可是总觉得缺了点什么，没有文学作品中描述的那种神魂颠倒、奋不顾身的感觉，分手后也不会痛彻心扉，只是有些淡淡的遗憾和伤感罢了。显然，他谈的都是喜欢式的爱情。

第二种，迷恋式爱情。只有激情，两个人在一起总是激情四射、干柴烈火，看上去情意缠绵，但是不谈明天，不涉未来，合则聚，不合则散，一个比一个潇洒。

康奈尔大学教授哈赞在著名临床心理学家多罗瑟的协助下，调查了 37 种不同文化层次的 5000 对夫妻，对他们大脑中产生爱情的化学物质进行研究后，哈赞提出：对大多数人而言，爱情最多只能维持 18 到 30 个月。此后，两人要么分道扬镳，要么过着波澜不惊的情感生活。

这从另一角度证实了男女之间“激情”的保持时间是不易长久的。

第三种，空洞式爱情。双方只有承诺，因为曾许下诺言要伴你一生，尽管激情没有了，但依旧在一起，哪怕平平淡淡。

这种“在一起”，可能是一种习惯，也可能是一种责任，还可能仅仅为了给孩子一个完整的家。通常，这种爱情非常脆弱，就像一段空心木头，外表看起来牢固、结实，其实很容易被外力折断。比如一些中年夫妻，自认为结婚十余年，婚姻堡垒坚固无比，可实际上只剩下空洞式爱情，一个外部诱惑就可能为这段爱情画上休止符。

第四种，浪漫式爱情。双方有亲密，有激情，但没有承诺。我们看到的很多文艺作品中，才子佳人在花前月下爱得死去活来，却没有给彼此一生相伴、不离不弃的承诺。这就属于浪漫式爱情。

就像当年隔帘听曲的卓文君，为司马相如弹唱《凤求凰》而倾倒，后又见他相貌堂堂，一来二去经常来往，便产生了爱慕之情。两人最后双双约定私奔。这就是流传千古的“文君夜奔”。

只可惜，据说司马相如在长安被封为中郎将时，自觉身份不凡，早已忘却曾经与文君患难与共、情深意笃的日子，竟然起了休妻的念头。终于某日，司马相如命人给妻子送去了一封“怪信”，信上只有冰冰冷冷的十三字：一二三四五六七八九十百千万”。“万”字之后，少了一个“亿”字，无亿，即“无忆”“无意”，是丈夫对自己已然“无意”的暗示！

聪明的卓文君读完后心如刀割、泪眼婆娑，她强忍着悲痛，回复《怨郎诗》给司马相如：“一别之后，二地相悬，只说是三四月，又谁知五六年。七弦琴无心弹，八行书无可传，九曲连环从中折断，十里长亭望眼欲穿。百思想，千系念，万般无奈把君怨。万语千言道不完，百无聊赖十倚栏。重九登高孤身看孤雁，八月中秋月圆人不圆。七月半，烧香秉烛问苍天。六月伏天，人人摇扇我心寒。五月石榴似火红，偏遇阵阵冷雨浇花端。四月枇杷未黄，我欲对镜心意乱。急匆匆，三月桃花随水转，飘零零，二月风筝线儿断。噫！郎呀郎，巴不得下一世你为女来我做男。”

司马相如看完妻子的信，惊叹不已，文君的才思敏捷和一往情深，

在浪漫式爱情中，双方有亲密，有激情，但没有承诺。

都使他受到很大震撼，于是打消了休妻的念头，亲自回乡，把文君接往长安。

因为缺乏天长地久的承诺，这段因私奔而流传千古的爱情，曾经仅为浪漫式爱情，幸亏卓文君的才情才得以守护。

第五种，伴侣式爱情。双方有亲密，有承诺，虽然早就没有了当初的激情，但是陪伴经年，情感如潺潺溪流，早已把对方印入生命。

很多携手相伴的老人一起生活了几十年，他们之间你齿摇，我眼花，你满脸皱纹，我步履蹒跚，摸着对方的手就像左手摸右手，相依相伴，牵手散步看夕阳。“执子之手，与子偕老”，不仅是一句誓言，也是一种信念。

第六种，愚蠢式爱情。双方有激情，有承诺，可惜没有亲密感。盲目相信对方在激情状态下做出的承诺，彼此之间却没有了情感上的真诚和喜爱。

我知道有这么一位年轻漂亮的姑娘，喜欢上了已婚的中年大叔，受不住对方的甜言蜜语，轻易向对方交付了自己。两个人同居在出租房里，一见面就干柴烈火，男人一开口就是要厮守终生，惹得姑娘没名没分地当了三年的“地下情人”，堕了两次胎，可还是没有等到男人跟妻子坦白。最后，这个姑娘终于意识到所托非人，黯然神伤地离开了那座城市。显然，这就是一段彻头彻尾的愚蠢式爱情。

第七种，完美式爱情。激情、承诺、亲密，三个要素缺一不可，构成了完美式爱情。当然，根据三个要素的平衡程度，爱情三角形可以是正三角形（三种成分完全平衡），也可以是非正三角形。按强度，又可分为高强度爱情三角形和低强度爱情三角形。当然，每个人心中的完美爱情，这三种成分的比例可能都不一样。

在心理学家眼中，爱情不仅仅是一种人类的高级情感，而且是一个可以用理论模型和实验数据进行验证和分析的心理现象。在这个心理现象中，既有客观规律和成分分类，又有主观情感体验，两者交织在一起，才会有“当局者迷、旁观者清”的劝诫，也会有“鞋合不合适、只有脚知道”的自我感受。

不知道你曾经历过哪几种爱情呢？现在又处于哪种爱情之中呢？希望本篇小文，可以助你保持一双慧眼，守护人生幸福。

关于择偶这件事，男人们都在想些啥？

你是不是曾经听过身边的某些女性这样抱怨过："他口口声声说爱我，可他为什么就不能痛快地娶我呢？"多半时候，该女士很可能被当成了男人的短期伴侣，实质上男人对这段关系并未当真。

本篇试着从女性的视角切入，帮助女性朋友"认识"男人的择偶策略，预防误遇"短择男"，耽误了幸福。

男人一般有长择和短择两种择偶策略，以利于基因遗传。心理学家研究发现，男人对感情有着两种截然不同的需求：一种是对婚姻的承诺、对抚养后代的责任、对细水长流式感情的期待，它被研究者称为长期择偶策略（长择）；另一种是没有承诺、不想承担后代抚养责任的、短暂火热的感情，被称为短期择偶策略（短择）。

无论律法是规定"一夫多妻"还是"一夫一妻"，生物遗传性都会让男性很难安守稳定的两性关系。在现代社会，很多男性都是懂得采取混合择偶策略的，即长择、短择相结合的策略。从生物遗传学和进化心理学的角度来解释，仅仅采取短择的男性，很容易导致女性无力单独抚养后代而致其基因灭绝；而单纯采取长择的男人，又不能完全保证基因传递的纯粹性，万一自己劳作一生养大的是别人的孩子，岂不是白活一场？因此，仅就学术角度探讨，男性兼具长、短期择偶策略的这种行为，更有利于其基因的传递。

怎样判定正在交往的男人进行的是长择还是短择？这是有迹可循的，看看女性自己的身材和容貌就知道了。

心理学家在美国得克萨斯大学进行过一项非常有趣的实验调查，当时一共有 375 名男女被试参加了“长期和短期约会对象”的选择。测试前研究人员会遮挡对方面孔或身材中的某一部分，被试进行选择。研究发现：身材曲线较好的女性更可能被男性选为短期约会对象，而容貌较好者更可能被选为长期约会对象。这种现象背后的深层原因是什么呢？

从进化角度分析，女性身材好意味着生育能力强，而容貌好则意味着繁殖价值高。科学家研究发现，人体内的荷尔蒙通过影响脂肪在人体的分布而影响腰臀比，相比曲线小、身材平的女性，腰臀比接近 0.7 的女性往往更容易受孕（腰臀比即腰围与臀围的比值，这个比值越低，就意味着你的腰部越纤细，臀部越丰满）。BBC 的一项调查也显示，虽然男性对于女性胸部大小的审美差异很大，但几乎所有男性都会被腰臀比为 0.7 左右的女性身材所吸引。所以，只想采取短择策略的男性，遵循本能会选择身材好的女性作为短期交往伙伴，身材好意味着生育能力强，在短时间交往内更容易受孕。相反，打算采取长择策略的男性，不太看重女性怀孕的快慢，他更注重的是后代的质量，所以倾向于选择容貌好的女性作为长期交往伙伴。按照进化心理学的推论，容貌好意味着个体在成长过程中较少受到寄生虫、病原体和毒素的侵害，代表着基因品质优良又健康，繁殖出的后代的质量高。

伴随着经济发展和社会变化，男性对女性“容貌好”的标准也在不断改变。比如《洛神赋》中描写的美女“云髻峨峨，修眉联娟，丹唇外朗，皓齿内鲜”，《红楼梦》中描写黛玉“两弯似蹙非蹙罥烟眉，一双似喜非喜含情目。态生两靥之愁，娇袭一身之病”，都与今天的美貌标准很不相同。

了解了男性具有不同的择偶策略后，一个女人怎么做才会更容易遇见自己生命中的那位呢？我们有如下两个建议：

第一，正确评估自己，警惕遭遇“短择男”。

现代社会，衡量一个女人的婚恋价值，主要看其年龄、长相、身高、三围、体重、学历、性格及家庭环境这8个方面。相对应的，衡量男性婚恋价值的也有年龄、身高、长相、财富、智商、情商、性能力和长期承诺这8个方面。实际上，很多人在选择婚姻伴侣的时候，都会有意无意地做价值匹配。当对方的婚恋价值与自己的基本相当时，女性才会更愿意为之付出婚姻的承诺。如果双方条件相差过大，婚姻的基础往往不会太“牢固”。

在此，也提醒广大女性朋友们，如果一个条件明显比你优越很多的男人在撩你，多半他是在进行短择，因为男性实施短择策略的时候，没想过要长久负责，往往会大幅降低8个方面的整体标准，只关注相貌、身材、收入等少数标准，这样才更容易“短择”成功。

所以，假如你正在找寻属于自己的那位男士，而自己的8个方面各有长短，请不妨理智地从对男人要求的8项标准中，选出自己认为最重要的三四项作为择偶要求。当然，标准的取舍在自己的一念之间。很多时候，我们在遇到一个男人的时候，总觉得他在某些方面还不够好，没有8项“全优”，可是反观一下，自己又能有几个“优”呢？

第二，保持矜持，遇见合适的“长择男”。

男人在进行长择和短择的时候，他内心深处非常清楚，什么样的女人是我未来要相伴一生的，什么样的女人只值得我“短线持有”。所以，当一个男人想找结婚对象的时候，就会启动长择策略，这时候他们本能地更倾向于寻找一个“懂得拒绝男性冒失的性要求”的女性做妻子，可以保证自己现在及未来不会被戴绿帽子，从而拥有值得长期投资、100%属于自己的后代。女性朋友如果想获得稳定的婚恋关系，一定要知道男人的这种“小心思”。

从进化角度分析，女性身材好意味着生育能力强，容貌好意味着繁殖价值高。只想采取短择策略的男性，遵循本能会选择身材好的女性作为短期交往伙伴。打算采取长择策略的男性，更注重的是后代的质量，倾向于选择容貌好的女性作为长期交往伙伴。

比如，当男性想要和你关系更进一步的时候，我们从进化心理学的角度建议，女性需要学会矜持、懂得适度拒绝，表达出两人的关系还没有到达让你心安的地步。无论对方条件有多么好，他所呈现的状态有多么喜欢你，都要向他说明这一点。这样一来，就会出现两种结局：一是他本就对你有长择之心，你的矜持更给了他“心安”，双方关系一步步朝着良性发展，最终你收获了一个让彼此“心安”的伴侣；另一种局面，他本就抱着短择而来，由于你的矜持，他没了可乘之机，选择收兵撤退，最终让你躲开了一场看似美好但实质没有结局的“爱情劫难”。

不过，说一千道一万，都抵不过一个“情”字。你反复掂量计算的，不过是害怕受到伤害。爱情和婚姻从来不是百分之百地符合理论，能百分之百用理论描述的，恐怕也不是真实的生活。

“我愿意”这三个字要对谁说，还是得听从你内心的抉择。希望本文能为广大女同胞们开拓一点思路。

关于择偶这件事，女人们都在想些啥?

也许此刻，你正在为刚分手的女朋友暗自神伤，怎么都不相信身高一米八、英朗俊武的你，输给了那个身材矮小、其貌不扬的男人。原因就是他在B市有套房！？你不禁在心底发出感叹:这个世界到底怎么了?貌似全世界的女人都爱慕有钱人，追逐有权人，女人难道就这么虚荣，这么拜金吗?

事实才没有那么简单！上篇我们分析过男性的择偶策略，在这里，我们换个视角，聊一聊女性的择偶策略。男性朋友们越早了解女性的择偶策略，就越能有的放矢，早日迎娶梦中的她。

进化心理学告诉我们，不仅男人有长择和短择两种择偶策略，女人也同样有，只是基于这两种策略做出的选择标准略有差别。

为了抚养，女性启动长择策略

在人类漫长的繁衍过程中，女性始终肩负着生儿育女的天职，承载着体内受精、十月怀胎和哺育孩子的重大责任。在孩子具有独自谋生能力之前的十多年时间里，女性需要一位有能力、有意愿长期保护自己和孩子的伴侣，与她一同完成养育孩子的重任。

因此，在天性本能驱使之下，女性偏好寻找那些能够长期提供资源并抚养孩子的男性，于是便启动了长择策略。当女性愿意开启她的长期择偶模式，选择嫁给你的时候，她看重的具体是什么呢？

第一，显性资源。女性首先看重男性拥有的显性资源优势，比如丰裕的物质财富、较高的社会地位等。心理学家对全球 37 种不同文化（涉及六大洲和五个岛屿）的研究发现，女性对配偶经济能力的要求，比男性对配偶经济能力的要求要高出 2 倍，甚至在一些东亚地区高出了 2.5 倍。

即使女性自己经济独立并富有权势，她们仍然对富有的、社会地位较高的、较年长的男性更感兴趣。从进化心理学的角度分析，社会地位高预示着资源拥有量多，控制力大；较年长的男性拥有的社会资源和地位通常要高于年轻男性。所以，很多研究数据表明，女性比较偏好与年长些的男人结婚。

第二，潜在资源。女性还会看重男性拥有的潜在资源优势，比如进取心、勤奋、真诚、可靠等，拥有这些品质意味着有较高的成功概率。研究发现，没有抱负的男性在女性眼中是最没有魅力的；真诚、可靠是男女双方在选择伴侣的时候最看重的品质。而且，女性还有“拿破仑”情节，即使你貌不惊人、默默无闻，但只要你有着征服世界的欲望和超乎常人的努力，依然会得到女性的青睐。所以，富家千金玛莎·伯纳斯嫁给了一贫如洗、籍籍无名的弗洛伊德，漂亮优雅的张瑛女士选择嫁给了貌不出众的马云，也就非常可以理解了。

在人类的进化过程中，女性出现了稳定的择偶偏好，偏好拥有资源和能稳定提供资源的男性。如果在接触过程中，遇到的男性不具有“基因优势”，“资源优势”也尚不明显，但如果他勤奋、上进，就会被女性看成未来能获取“资源优势”的线索。而男性的真诚、可靠意味着能为女性提供稳定的家庭环境，发生外遇的可能性较小，从而确保自己和子女的生活。

第三，基于感情的承诺意愿。女性看重男性愿意做出“白头偕老”的承诺。心理学家曾在美国、俄罗斯和日本做过一项调查，询问了三个国家的适婚女性，是否愿意嫁给一个“拥有她们理想配偶的所有品质、但彼此不相爱”的人。结果发现，这三种不同文化下的绝大部分女性都把爱情看作婚姻决策中非常重要的影响因素。中国妇联也曾推出过一个婚恋调查报告，报告显示，男性和女性在选择婚恋对象时，都非常看重感情的投入。

从进化心理学来看，女性不仅要选择一个拥有生活资源的男性，而且还要选择一个愿意为她及其子女做出承诺的男性。所以，女性会通过交往中的各种线索来判定男性是否忠诚、是否有责任心、情感是否投入，从而保障在共同抚养子女的过程中能够彼此依靠。

为了基因，女性启动短择策略

心理学家曾做过一个测试：在大学校园里，让迷人的男助手向异性提出做爱邀请，结果所有的女性都拒绝了，可见女性对随意发生性关系是比较排斥的。因为，在短期伴侣关系中，女性付出的代价要比男性大得多，比如遭受性虐待、丧失名誉、怀孕、怀孕后孩子夭折、婚姻解体等。

尽管如此，古往今来我们依然能毫不费力地找到女性出轨的诸多案例。短期择偶策略在人类进化中被保留了下来，可见它还是有一定的进化优势。

那么，短择时女性更看重男性的哪些方面呢？研究发现，体格健壮、男子气概十足的男性常常会被女性视为短期情侣的最佳人选，尤其在高受孕期，女性对富有男子汉气概的面孔有着特别的偏好。

从进化角度来看，具有优秀遗传基因的男性一般都是体格高大、长相英俊、帅气性感的。这样体貌特征的男性一般具有高水平激素，可能孕育出高质量的后代。对称均匀的骨架意味着在成长过程中，男性没有受过太多寄生虫、病原体和毒素的侵害，预示着其基因有较强的抗病性。这种选择标准有助于女性寻找到更健康的男性，与其合作孕育的后代更容易存活，具有更性感的基因。

所以，与长择策略相反，女性在选择短期伴侣的时候，不怎么关注地位和财富，倒是更看重男性的“基因优势”，这样才能让女性后代获得更优良的遗传基因。女性自身的基因也得以在身体健康、体貌俊俏的孩子身上继续传递。

有的女性宣称自己是“外貌协会”的终身会员，其实不过是在表达自己对于优秀遗传基因的偏好而已，就像男性在短择策略启动后，也会选择漂亮、性感的女性为短期伴侣。“食、色，性也”，不分男女。

两种策略是彼此排斥的吗？

起于颜值，终于人品，恰恰说明短期策略和长期策略并不矛盾。情侣一开始见面，总是要互相看着顺眼，“合眼缘儿”，才有继续见第二面的想法。第一次见面时，双方对于容貌和身材的看重，就是短择策略在发挥作用。

而在交往的过程中，男性逐渐表现出稳重体贴、善良厚道、温文尔雅等优秀品质和一定的经济实力，是有助于女性启动长择策略的重要因素。经过一段时间的交往，女性感觉到男伴身上具有值得托付终身的特质时，就会萌生结婚的念头。

面对两者不兼具的男性，女性会如何选择？

漫长的进化历程，女性本能地保留了双重择偶策略，会在“资源”

在人类进化过程中，女性偏好能稳定提供资源的男性。如果遇到“基因优势”和“资源优势”都不明显的男性，但他勤奋、上进，也会被女性看成未来能获取“资源优势”。而男性真诚、可靠，意味着能为女性提供稳定的家庭环境，可以确保自己和子女的生活。

与“基因”两种优势之间进行权衡和选择。尽管女性更喜欢同时拥有两种优势的男性，但可惜，通常鱼与熊掌不可兼得，很少有男人能够同时拥有“资源”和“基因”两种优势。既英俊无双、又深爱自己的男主角，大多只出现在偶像剧中。

所以，在现实生活中，常听到女性们会失望地抱怨：为什么又高又帅的靓仔囊空如洗？为什么有钱有权的男人却相貌平平？这简直是活活逼出了女性的选择性障碍啊！

对于女性而言，既想要好基因的宝宝，又想要养育宝宝的好环境，在这种“残酷”的现实面前，女性通常的做法是“先广泛撒网，再重点捕捞”。

也就是说，在选择交往对象的时候，男性是有目的地启动短择或者长择，而女性是本能地同时启动长择和短择策略，既会跟长得帅气的男性看电影，又不拒绝跟有经济实力的男性喝咖啡，这样有助于扩大女性的交往范围，一段时间之后，女性再从中挑选出“适合”自己的男性做长期伴侣。

在自然发生的恋爱关系中，比如校园恋情或办公室恋情，女性在确认恋爱关系、甚至婚姻关系的时候，通常考虑的时间要比男性更长，因为她要经历一个从短择到长择的转化过程。

而在以结婚为目的的相亲过程中，女性一开始就直接启动了长择策略，因而比男性更早地知道对方适不适合与自己结婚。一位经营婚恋中介公司的朋友告诉我，相亲见面后，女性通常对于“是否安排第二次见面”的态度更为肯定。

“反常”的择偶，其实都有原因

男人和女人的择偶策略，看似差异很大，但本质上殊途同归，都是为了服务于优秀基因的延续。短择策略是为了保证或提升基因的质量，而长择策略是为了保证基因得以顺利延续。两种择偶策略是千万年来人类不断进化的结果。进化不分善恶，只遵循繁殖收益最大化的终极目标。

可是，在生活中，却有一些“反常”的择偶现象。比如，有的男性没钱、没权（看似没有“资源优势”），也有好姑娘启动了长择策略，愿意嫁给他。再比如，有的小伙子身具“暗黑属性”，痞痞坏坏的，也不帅，还是有女孩启动了短择策略，就想跟他谈一场没有结果的恋爱。

我曾经听过这样一个故事。一个家庭背景优渥的女孩，从小备受父母宠爱，像公主一样长大，在她 20 岁时遇到了那个她命中的劫难，与他同居 8 年，为他多次堕胎。父母百般劝阻，还是拦不住她飞蛾扑火般的行为，痛心疾首之下，与她断绝父女关系。最后，这个女孩在与这个“坏男人”发生争执时，被自己心爱的男人失手掐死了。

这是个令人唏嘘不已的故事，看似与长择和短择策略不太匹配，但其实，每一个“貌似反常”选择的背后都有原因。研究发现，女性在寻找短期伴侣时，有时不但不会看重长择策略必备的责任、忠诚等性格，反而偏爱那些爱冒险、追求刺激、以自我为中心、喜欢将人玩弄于股掌间的、爱撒谎的“坏男人”。

从进化心理学分析，在远古时代，男人出去狩猎，女人在家操持家务，女性喜欢勇猛、有攻击性的男人，这是她们寻求安全感的天性使然。“暗黑性格”的男性唤起了女性深植于体内的某些遗传基因偏好，再加上女人是天生的听觉动物，喜欢听甜言蜜语，而具有“暗黑性格”的男人貌似都能言善辩，善于哄人。爱听“美丽话”的女人自然而然就沦陷了。

所以说，“好性格”的男性会启动女性的长择策略，而“坏性格”的男性更可能启动女性的短择策略。

至此，我们分享了男性和女性不同的择偶心理，希望这些内容，可以帮助单身朋友们找到自己的归属，也可以帮助那些正陷于情感纠葛中的朋友们，从多维度反思自己和这段关系。

营造亲密关系，你“露”得够吗？

有这么一对恋人，从学生时代就在一起，曾羡煞一众单身狗。时间如流水，转眼间，7 年过去了，传说中的“七年之痒”也悄悄地找上了门。

进入职场后，两个人都想先在事业上有所成就，所以结婚 3 年还没有要小孩。白天各忙各的工作，女方晚上经常加班到深夜，回家时丈夫已经睡了；偶尔遇上不加班的日子，女方回家就开始忙里忙外，准备晚餐，收拾家务，而男方已经习惯了老婆不在家时独自抱着电脑打网络游戏，所以即使老婆在家也照常玩游戏。

男方曾用满不在乎的语气说：“都这么多年的老夫老妻了，有哄她的功夫还不如多打几局游戏呢！”于是，女方的工作越来越忙，男方的游戏水平越来越高，但两个人共处时的情感交流却越来越少，小摩擦越来越多。

比如，女方想让丈夫多承担一些家务，因为自己工作真的很辛苦，赚的钱也比丈夫略高一些，可是丈夫觉得“我一个大男人做家务太跌份儿了，你爱做不做”。

比如，丈夫希望妻子不要总是忙着工作，多点时间陪陪家人，可是女方觉得，“我这么辛苦不都是为了这个家吗？你要是能干，我至于这么拼命吗？”丈夫听了，就觉得妻子看不起自己。

比如，男方有一阵子经常外出朋友聚会，女方就疑神疑鬼地觉得丈夫有了“外遇”，各种侦查手段轮番上阵。而丈夫必须实时向女方汇报位置，感觉就像“取保候审的嫌疑犯”，不被信任，失去了自由，于是做各种“反抗”。这一“反抗”则让女方认为男人不够爱自己，不重视自己的意见，越发没有安全感……

就这样，两人的感情在一件件“小事”中逐渐瓦解。

最后，女方向男方提出了分手。

男方想挽留这段感情，说:“我爱你，我们一起走过了7年，不想和你分手。”女方郑重地问男方:“那你想不想和我过一辈子呢？”男方却沉默了。无言，也是一种回答。

最熟悉的“陌生人”

历时七年的感情就这么戛然而止。虽然共处七年，但在最后的时光里，他们早已成为最熟悉的“陌生人”，彼此缺乏深入的交流和信任，内心不再像从前那样有深层的交融。

判断一段感情的深浅，不能看表面的热闹。举个例子，看起来小美和男朋友每天出双入对、形影不离，还同居了几个月，但不能说明他们之间已经达到了亲密关系的程度，很可能过几天你就听说两个人已经分手了，走得干脆利索、不痛不痒。

类似这样的故事，今天我们越来越多地看到。人们在谈及情感的时候，是进入状态快、投入情感快、发展进度快，就连分手速度、疗伤速度和更换恋爱对象的速度也很快。

这些“快”，并不代表现代男男女女们都拥有一颗足够强大的心，可以无视分手的伤痛，而是在投入情感的时候，开始学着有所保留，因为没有全部投入，抽身离开时就比较容易。像当年琼瑶小说中描述的那种飞蛾扑火般的爱情，现在是越来越少见了。

当然，我们今天的话题，不是评论这种情感上的自我保护是对还是错，而是希望通过本篇告诉大家，应该如何有效维持并不断加深亲密度，尽量跨越“七年之痒”。

就像上文中的小夫妻，看似是被各种各样的生活琐事磨灭了情感，其实是在情感交流中缺少足够深入的“自我暴露”，才致使亲密的对方转身离开。

看来，“七年之痒”，是因为“露”得不够！

自我暴露都可以“露”什么？

自我暴露指的是一个人自发地、有意识地向另一个人暴露自己真实且重要的信息，与他人共享自己的感受和信念。心理学将自我暴露的水平由浅到深分为四个层次：

第一层是情趣喜好，属于自我暴露的最表面水平。比如个人的饮食偏好、日常情趣、休闲娱乐等。一般情况下，就算是与陌生人聊这些信息，人们也没什么心理压力和负担。

第二层是态度，比如对某件事的看法、对某产品的评价等。同事和一般朋友间的交流多在这一层次。

第三层是自我评价及人际关系。比如，自信、焦虑、善良、自卑等自我评价，我们同父母的情结，与上司的敏感关系等，都属于这一层。由于本层内容涉及较多的自我概念，所以轻易不向别人暴露，一般是跟亲密爱人和多年好友才提及。

第四层则是隐私方面，属于自我最深层的方面。比如，自己的某些不能为社会观念接受的念头、行为和习惯，包括性经验、偷窃行为、异装癖等，很多时候不会告诉任何人，只有自己知道。

通常，人际交往是从低水平的信任和自我暴露开始，随着双方信任和接纳程度的不断加深，自我暴露的层次也就随之深入，交往的双方会越来越多地暴露自己。我们可以根据与对方的交往程度，来决定在哪个层次“暴露”自己。

浅“露”有助人际交往

正如社会心理学家欧文·阿特曼（Irvin Altman）和达尔·马斯泰勒（Dalmas Taylor）提出的“社会渗透理论”所说，良好的人际关系是在自我暴露水平逐渐增加的过程中发展起来的。

在人际交往中，一个人至少应该让一个重要他人知道和了解真实的自我，这样的人在心理上是健康的，他们可以敞开心扉，增加交流信任感，从而快速建立良好的人际关系。

仔细观察，你会发现生活中会有这样两种人。第一种人挺能说，社交能力很强，他们可以与你谈论国际时事、八卦新闻、日常消遣，可是一旦你将话题引向略微深入的问题，他们就会插科打诨、转移话题。第二种人看起来不善言辞，也不是社交场上的焦点人物，但是能坦言自己的真实想法，反而能够很快和别人拉近距离。

显然，第一种类型的人，虽然很擅长社交技巧，甚至在交际场中如鱼得水，交朋友又多又快，但是自我暴露水平较低，很少暴露自己的真实感情，让人很难相信他们的真诚，所以少有知心朋友。

相反，第二种类型的人，表面看起来虽不善于社交，但为人真诚，渴望情感沟通，自我暴露水平较高，比较容易敞开心扉，自然产生亲切感和信赖感，所以身边有不少的知心朋友。

可见，人之相知，贵在知心。要想与别人成为知心朋友，就必须学会适度袒露自己的真实感情和真实想法，发现相互的共同之处，从而和

人之相知，贵在知心。要想与别人成为知心朋友，就必须学会适度袒露自己的真实情感和想法，发现相互的共同之处。但并不是自我暴露程度越高，亲密水平就越高，过早、太少和太多的自我暴露都会引起一系列问题，反而让双方更加疏远。

对方建立某种感情联系。吐露一个小秘密，有可能赢得一生的友谊。

中“露”有助友谊加深

请千万小心，并不是自我暴露的程度越高，亲密水平就越高。恰如其分的自我暴露能够快速拉近彼此的距离，而过早、太少和太多的自我暴露都会引起一系列问题，反而让双方更加疏远。

过早的自我暴露容易引起对方的慌乱、怀疑和焦虑，进而引起自我防御心理，反而拉大了双方的心理距离。太少的自我暴露，不利于建立平等和谐的关系，一个从不自我暴露的人不可能与他人建立起密切的关系。而太多暴露的人，一个总是习惯于向别人喋喋不休地谈论自己私密的人，刚开始可能会让别人产生“被信任感”，但时间长了就会遭人厌烦，很难被他人真心接纳。所谓“交浅言深，君子所戒”，说的就是这个道理。

因此，理想的自我暴露模式是：彼此自我暴露的程度趋于一致，暴露的过程循序渐进；对少数比较亲密的人（恋人、夫妻等）可以做较多暴露，而对一般朋友和其他人只需要中等暴露就够了。

深“露”有助恋人亲密

作为人际关系中亲密度最高的恋人关系（包括夫妻关系），较为深入的“自我暴露”有助于增进亲密感，所以，自我暴露是建立亲密关系的前提条件，也是发展亲密关系的核心动力。

那些遭遇“七年之痒”的恋人们，几乎都犯了同一个错误——没有经常与伴侣进行双向的、深层的自我暴露，满足于“结了婚就相当于进了保险箱”。殊不知，时间不光是一把杀猪刀，还是一瓶强酸腐蚀剂，再坚固的“保险箱”也需要日常养护，否则就会被慢慢腐蚀；再美好坚定的情感也需要花心思日日经营，否则就会日渐凋零。

坦诚的自我暴露，甚至可以让一个陌生人更快爱上你。美国心理学家亚瑟·阿伦（Arthur Aron）博士曾经用一个有趣的实验证明了这一点。参与实验的陌生人，两两分组坐在一起，在45分钟内彼此提问并回答36个问题，回答之后再彼此凝视4分钟。最后，通过调查问卷了解双方对彼此的亲密感，并进行追踪调查。

结果发现：30%参与实验的人，在聊完36个问题后，表示他们和对方的亲密感已经超过了绝大多数的朋友；一段时间之后，有37%的实验者选择上课时坐在一起，有35%的实验者在问答过后开始约会；还有一对实验者，竟然在六个月后结婚了，他们邀请了所有参与实验的人参加他们的婚礼。

最终的实验结论是：发展亲密关系的关键，是双方不断持续和深入地相互坦白自己的内心。只要两个人彼此足够坦诚，相互分享交流，即使对方是一个陌生人，也可能会快速喜欢上。

当然，也许你会问，这36个问题真的有这么神奇？当你深入研究这36个问题，你会发现，其中超过30个问题都是在引导对方进行自我暴露，内容涉及个人经历、价值观、家庭关系等方面。

为了满足大家的好奇心，我们特别在文后附上实验中使用的《让人相爱的36个问题》。还是单身的朋友，可以找一个刚认识的陌生人实验一次，也许会有意想不到的惊喜呢！

希望大家都能学会适度的“自我暴露”，经营好自己的人际关系和亲密情感。

附：让人相爱的36个问题

第一组：

1. 假如可以选择世界上任何人，你希望邀请谁共进晚餐？

2. 你希望成名吗？在哪一方面？

3. 拨打电话前，你会先练习要说的话吗？为什么？

4. 对你来说，怎样才算是“完美”的一天？

5. 上一次唱歌给自己听是什么时候？唱歌给别人听又是什么时候呢？

6. 假如你能够活到90岁，你可以选择让你的心智或身体在后60年一直停留在30岁，你会选择哪一个？

7. 关于未来，你可能怎么死，你有自己的秘密预感吗？

8. 列举3个你和对方共同拥有的特质。

9. 你的人生中最感恩的事情是什么？

10. 假如可以改变你成长过程中的任何事，你希望有哪些改变？

11. 用4分钟的时间，尽可能详细地向对方讲述你的人生故事。

12. 假如明天早上起床后能获得任何一种能力或特质，你希望是什么？

第二组：

13. 假如有颗水晶球能告诉你关于自己、人生或未来的一切真相，你想知道什么？

14. 有什么事情是你想做很久了却一直没有去做？还没去做的原因是什么？

15. 你人生最大的成就是什么？

16. 友情中你最重视哪一个部分？

17. 你最珍贵的回忆是什么？

18. 你最糟糕的回忆是什么？

19. 如果你知道自己将在一年内突然死去，你会改变自己目前的生活方式吗？为什么？

20. 友情对你而言意味着什么？

21. 爱和感情在你生命里扮演什么样的角色？

22. 轮流分享你认为对方拥有的比较好的性格特点。各自提 5 点。

23. 你的家庭关系亲密、温暖吗？你是否觉得自己的童年比大部分人快乐？

24. 你与母亲的关系如何？

第三组：

25. 说出 3 个含有“我们”并且符合实际情况的句子，比如“我们现在都在这个房间里”。

26. 完成这个句子，“我希望可以跟某个人分享__________”。

27. 如果你要成为对方的密友，有什么事情是他或她需要知道的？

28. 告诉对方你喜欢他或她的什么地方（回答此题必须非常诚实，要说出你可能不会对刚认识的人说的事）。

29. 和对方分享你人生中尴尬的时刻。

30. 上次在别人面前哭是什么时候？自己一个人哭又是什么时候？

31. 告诉对方，你现在喜欢他或她的什么地方。

32. 有什么事情是绝对不能开玩笑的？

33. 如果你今天晚上就会死掉，而且无法与任何人联系，你最遗憾的还没有告诉别人的是什么事情？为什么还没说呢？

34. 你的房子起火了，你所有的东西都在里面。在救出所爱的人和宠物后，你还有时间可以安全地抢救出最后一件东西。你会拿什么？为什么？

35. 在你所有的家人中，谁的死对你的打击会最大？为什么？

36. 分享你人生中的一个问题，问对方遇到这样的问题会怎么做。同时也请对方告诉你，在他或她看来，你对这个问题的感受是什么。

“爱无能”源于有条件的爱，怎么破？

你身边有没有这样的朋友？他们总觉得自己不够好，觉得没有人真正爱自己，又非常敏感，对别人经常提很多要求，期望别人反复证明对自己的情感。请让我先给大家讲一个真实的案例。

有一对90后夫妻来找我咨询，一坐下，妻子就开始滔滔不绝地控诉丈夫的种种“罪行”：结婚时想在房产证上写两个人的名字，结果男方拒绝，差点没结成婚；怀孕时半夜想吃火锅，结果老公嫌麻烦不想外出，两人大吵一架，差点儿把她气得流产；坐月子时觉得婆婆故意给自己气受，没有精心照顾，现在留下了很多后遗症……

在妻子单方面的描述中，我们似乎看到了一个满腹委屈、受尽煎熬的女性。

可是丈夫的描述，又让我看到了这些事情的另一面：

房子本来是男方父母在儿子婚前赠予的住宅，女方死活要加上自己的名字变成两人共同财产，如果不加，她就认为男方家里不重视她。妻子怀孕时经常各种疑神疑鬼，总觉得先生不可能不趁着自己怀孕“偷腥”；所以才提出半夜吃火锅、夏天吃烤红薯等各种古怪要求，只要先生一拒绝，那就代表男方不爱自己了，紧接着就是一场一把鼻涕一把泪的控诉大会。坐月子时，婆婆更多的关注力是放在婴儿母乳喂养上，对儿媳的饮食控制很严格，妻子就觉得婆婆只在乎孙子，根本不在乎自己，月子里就跟公婆吵了两次架，不依不饶……

听到这里，我忽然恍然大悟，原来这位妻子正是一个“爱无能”的人。

“爱无能”的人在生活中有哪些表现？

“爱无能”的人，他们不是不爱，而是把爱当作自己的一种资源，认为付出爱会消耗自己的资源，所以要尽可能多地吸纳爱，尽可能少地付出爱。

他们内心非常不自信，一方面觉得自己不可爱，对自己的否定多过肯定，认为自己这里不好，那里也不好，不会有人要；另一方面，不相信有人会爱他本来的样子，会使用各种“作”来试探感情的真假。在发展亲情、友情、爱情这些亲密关系的时候，他们的情感敏感又脆弱，在接纳自己和接纳别人时都是带有附加条件的。

在接纳自己时，他们很苛刻，总是笃定地相信自己不够好，甚至会用实际行动来证明这一点。你如果安慰这样的朋友，“其实你已经很不错了，还有很多人不如你”时，他们会振振有词地告诉你，“其实，我还有哪里哪里做得不够好”。在他们的脑子里，无时无刻不在对自己做评判，而且大部分都是负面的评判。这种评判就像背景音乐一样，无限次循环播放，比如“我的身材还不够好”，“我的外表还不够出色”，“我没挣够 2 个亿，就不算能耐”等等。

注意，这里的自我否定可不是谦虚，而是他们真的觉得自己的缺点比优点多，自己有太多问题，比别人差很多，所以才给自己设定了一系列的条条框框，以评估自己到底有多差。

同样，在面对亲密关系时，因为他们不相信自己的价值，不相信自己值得被别人无条件地接纳和喜爱，所以会要求别人用各种方式去证明对方在乎自己。一旦别人不能满足他们，就会说:“你看，我就知道你不爱我”；如果丢失了对方的爱，对他们来说，这刚好是对自己想法的验证，“果然爱是会被消耗掉的，果然我不应该付出爱”。

比如上面说的那位妻子，她不相信男方家在乎她，所以必须用房产证来证明；她不相信老公在她怀孕时还能忠贞如初、不离不弃，所以通过各种方法去测试他的底线；她不相信有了孙子，婆家会待她像怀孕时候一样好，而坐月子时饮食上的严格控制恰恰验证了她的担心，所以情绪才一再失控。

我们称这类人为“爱无能”，他们不相信爱是无条件的，不相信自己值得被无条件地爱和接纳，也不相信自己会无条件地爱上别人。他们无法真正地爱自己或爱别人，因为他们认为付出情感是一种威胁，不能放心地投入自己。在面对亲密关系时，他们会把爱等同于有限的消耗品，用一次便少一些，所以经常冷静地计算得失，拿感情称斤论两、反复掂量。比如，张三给我买了一个克拉钻戒，说明他很在乎我；李四就请我吃个麻辣烫，也太不拿我当回事了；办公室的琳达最近对我暗送秋波，一定是因为她知道我快要升职做主管了……

“爱无能”缘何而来?

这种“爱无能”的人，我们身边有很多。为什么有的人会成为“爱无能”呢？这恐怕要从原生家庭开始讲起。

从小，爸爸妈妈会用“妈妈不喜欢你了”来威胁我们吃下不爱吃的青菜，用“妈妈不要你了”让我们放弃想买的零食，用“爸爸再也不陪你玩了”警告我们收起散落的玩具，用“不然，就再也别回这个家”要

孩子在小时候得到的爱越是有条件，越是严苛，长大后的自我价值感就越低。他们一生都将无法无条件地接纳自己和别人，因为不相信自己，也不相信自己值得被无条件的爱。

挟我们选择他们认为“吃香”的专业，用“我就当没有你这个女儿”来威胁我们与他们不认可的对象分手。

他们总是用收回对我们的爱为代价，来改变我们的行为。于是，“我必须要表现好，才能得到父母的认可和爱”就成为一句潜意识里的咒语。我们的行为是否合适，就以是否“配”得到父母的爱为衡量标准。

当我们吃了青菜，收起了玩具，听从他们的意见选择了工作和配偶的时候，我们是“可爱的”“听话的”，值得爱的。做家长认可的事，是我们得到他们的爱的条件。不管父母们是不是这样想的，至少，作为孩子的我们，当时是这么感觉到的。

于是，小小的我们，小心翼翼地改变着自己的行为，努力成为爸妈眼中那个值得爱的孩子。可是只有孩子自己知道，我并不是那个样子，我的内心依然爱吃零食、不爱吃青菜，想玩玩具、不想收拾。可是，我们不敢坚持做真正自己想做的，因为那会有失去一切的风险。“只有做了让对方满意的事情，我这个人才有价值”，就成为“爱无能”的人潜意识的魔咒。

长大以后，这些人谨小慎微地取悦他人，担心自己的工作表现领导不喜欢；担心不愿意发生性关系，男朋友就会觉得自己不爱他；担心自己没有车和房，就没有姑娘肯嫁给自己。

于是，我们看到，很多人做着自己并不喜欢的工作，但是没有勇气换；很多人跟不在乎自己的人生活在一起，但是不敢离开。其实，所有来源于“别人不够爱自己”的恐惧，都来源于自己无法爱上自己，无法对自己满意，都来源于我们小时候得到的是“有条件”的爱，而不是“无条件”的接纳和爱。

孩子在小时候得到的爱越是有条件，越是严苛，长大后的自我价值感就越低。他们在这一生，都无法无条件地接纳自己和别人，因为不相信自己的能力，也不相信自己值得被无条件地爱。

“爱无能”如何破?

如果你自己或身边至亲的人有“爱无能”倾向，那该怎么办呢?

首先，理解自己之所以是“爱无能”的人，更多是由家庭养育方式不当造成的。而且，这只是一个暂时的状态，我们可以通过自身的努力，学会去爱。先教你一个小方法，就是先努力尝试爱自己，再把对自己的爱，慢慢迁移到你的亲密关系里。

第二，学会爱自己，学着自我接纳。其实每个人都有很多不完美，学着跟自己相处。可能有些朋友会说，我对自己是有要求的，严于律己，每个月都减少一个小缺点，这很好啊。还有另一个方法就是，与其减少缺点，不如增加优点，这会让你在愉悦的心境中变得更好。从今天开始，我们来学习逆向操作，每天发现自己身上的一个优点，把它记录下来，哪怕再微小的闪光点也可以，只需要坚持两周时间，看着满纸的优点，你会有一种“其实我也不差”的感觉。

第三，学会表达无条件的爱，意识到给予不是放弃。恰恰是给予，才能体验自己的力量、充裕和活力。面对伴侣或朋友的时候，停止“我付出了多少，你又如何如何”等这种算计，而是想着“我心甘情愿做这件事”，“我愿意帮助他，不图什么回报”，并不断提醒自己，给予不是牺牲或被别人夺走。用自己的真心实意和实际行动告诉对方，我对你的爱是无条件的，不管你是成功还是失败，不论你是富裕还是贫穷，也无论你是貌美如花还是容貌平平，我爱的是你这个人。

第四，对“爱无能”按下暂停键。在咨询中，我发现，有的朋友被原生家庭塑造成了“爱无能”，而在他们做了家长之后，会不自觉地使用类似的方式对待他们的孩子。无意识中，新一代“爱无能”正在养成。

所以，如果你已为人父母，从今天开始，从觉察到自己有“爱无能”的倾向开始，请提醒自己，无条件地爱和接纳你的孩子。及时觉察就是开始改变的最重要的第一步。让你的孩子知道，无论他是不是三好学生，是表演成功还是失败，学习成绩是排名第一还是不及格，爸爸妈妈都会始终爱他这个人。只有这样，你的孩子才会有能力真正地爱自己、爱他人。

婚姻的本质是什么?

在十几年的咨询生涯中，我常常遇到婚姻出问题的夫妻来寻求帮助。我会问他们同一个问题：你觉得到底是什么在维系夫妻关系？或者说，你觉得婚姻的本质是什么？回答也是五花八门：有的说，婚姻就是终身履行的责任和对彼此的承诺；有的说，婚姻需要双方一起付出，付出越多，婚姻越牢固；有的说，婚姻就是尽义务，要把属于自己的那份义务尽好。

听了他们的回答，我大概知道他们婚姻的问题出在了哪里，因为这些回答虽然触及了婚姻的某些特性，但并未触及婚姻的本质。

婚姻的本质是亲密感！两性关系首先是一种亲密关系，而不是责任关系、付出关系或义务关系。

亲密感的三条标准

什么是亲密关系呢？心理学认为，在人际吸引的基础上，当两个人相互依赖的程度很高时，他们之间的关系会从一般性的关系发展到亲密关系。亲密关系主要包括亲情、友情、爱情等人生最重要的情感关系。而维系两性关系最重要的，就是亲密感。

亲密关系具有什么特点？如何判定亲密关系是否存在呢？主要有三

条标准。

第一，两人长时间频繁互动。所谓“长时间频繁互动”，是指双方出于自愿主动与对方联系，互通想法，交流观点，分享态度，这种互动可以是思想精神层面的，也可以是肢体接触层面的，当然最好是两者皆有。

举例来说，通常两地分居的夫妻，亲密关系会受到损伤，无法拥有频繁的身体接触，也不能保证频繁的心理互动，即使一方愿意倾诉，另一方也愿意倾听，但时空的距离也会让这份亲密感变得犹如水中月、雾中花，最终能够维持亲密感的分居夫妻百不一存。

当然，我也见过有些两地分离的夫妻，为了实现频繁互动，一方硬性要求另一方必须每隔 1 小时发一次微信，每天至少 3 个电话，睡前必须互道晚安，但这样结果往往是劳燕分飞。这又是为什么呢?

因为这种要求违反了“自愿”原则，一方被迫完成“频繁互动”的指标，难以产生真正的亲密感，最初的那份喜爱随着时光流逝而消失殆尽，情感关系无以为继。

第二，共享许多不同种类的活动，拥有共同的兴趣。对这一条，有些读者可能会提出质疑。比如，在有些家庭中，丈夫很宅，下班就窝在家里不愿出门，而妻子很喜欢旅行和交友，两个人自得其乐，夫妻关系也很好。

那么，你可能没有关注到，尽管在外出旅行这件事情上两人差异很大，但是他们都喜欢品尝美食，都喜欢炒股票，或者都喜欢看恐怖电影。做这些事情时，两个人都兴致勃勃，乐此不疲，情感交融。

也就是说，这一条标准并不是让夫妻的喜好都同步，而是夫妻之间至少有一件彼此都喜欢做，或者都感兴趣的事情。这样，他们之间就有相互亲密沟通的共同语言。可悲的是，有的夫妻之间，连一件这样的事情都找不到。

第三，两个人相互之间的影响很大。这一条其实是希望夫妻在认

婚姻的本质是亲密感！两性关系首先是一种亲密关系，而不是责任关系、付出关系或义务关系。而一个人的亲密能力，来源于幼年时期与父母的关系，尤其是母婴关系。

知、情感和行为上保持较大程度的相互影响。换言之，丈夫高度赞同某件事情时，妻子即使有不同意见，也愿意倾听并尝试理解丈夫的想法，同时调整自己对这件事的看法。类似地，当妻子非常喜欢某个物品时，丈夫即使对这个东西无感，也愿意接纳妻子的情感，爱屋及乌。

举例来说，当两个人发生争吵时，一方义愤填膺，一方愤愤不平，尽管这种状态不算好，但总归对彼此还算有情绪上的影响力。而如果一方痛哭流涕、难过不已，另一方却冷漠相对、无动于衷，那彼此之间的亲密关系真的已经是所剩无几了。

缺失亲密感，婚姻无以为继

有亲密感，两性关系自然就能维持下去；没有亲密感的婚姻，通常只有两种结果：出轨和离婚（或者先出轨后离婚）。

这并不是我危言耸听。因为，亲密感是人类与生俱来的情感需求，我们身边需要这样一个人，彼此情感相依、相濡以沫，愿意相互分享生命中的喜怒哀乐，愿意一起坐看云起云涌、花开花落，愿意互相扶持、白头到老。这些不是靠一纸婚书、法律条例和道德约束可以达到的，也不是靠责任、义务和承诺这些认知能够限制的，这是自然而然的情感流动。“我就想这么做。这么做时，我感觉很快乐、很幸福，所以，我就做了”。支撑各种行为的最本质动机是你们之间的“亲密感”！

举个例子，当老婆说想要吃苹果，老公立刻呼应一声，开心地把苹果递过来，愿意的话，还会顺手把皮削掉，这就是亲密，而不是想着“这是我的老婆，我有责任为她递苹果”。夫妻关系，至亲至近，也可能至疏至远，你们之间的亲密感，还在否？

为什么有的人很难发展出亲密感？

你身边是不是有这样的人？他们能正常上学、上班，与人进行正常的交往和交流，但是再想更亲密一点，却很难。他们排斥与他人的肢体接触，即使是面对心爱的人，也不愿做出过于亲昵的动作，比如拥抱。

他们往往喜欢一个人待着，享受孤独，其实是因为跟友人勾肩搭背、倾诉衷肠会让他们觉得不舒服。看似总能清醒理智、超然物外地分析一段感情的成败，其实是因为在这段情感上，他们根本没有深度卷入。甚至与自己的父母、妻儿之间的关系也并不亲密，在家中总是沉默地做着自己的事情，尽管在内心深处，他们可能非常爱自己的家人，可就是没办法在行为上表现出来。

我们把这类人，称为“亲密感缺失者”。缺失亲密感的人，会使用一系列的自我防御完成自我保护，不知道如何与人建立亲密关系，包括亲情、友情、爱情，也不知道如何维系亲密关系，包括恋爱前后和婚姻内外。

跟这样的人一起生活，很累，很累，因为你似乎很难走进他的内心世界，每当你感觉仿佛离他近了一小步，无情的事情就会告诉你，你与他内心之间其实相隔千山万水。

亲密的能力，来自于幼年时期我们与父母的关系，尤其是母婴关系。当婴儿向母亲微笑，母亲也情不自禁地微笑，这种情感能量的呼应，就是亲密；当婴儿开始哭泣，母亲走过去安抚陪伴、给予回应，这就是亲密；当婴儿吸吮着乳汁，甜甜地在母亲怀里入睡，这就是亲密。

悲剧的是，职场女性产假过短，不得不被迫断奶，加上隔代抚养等原因，有些母亲背离了母性本能。她们不能在旁照料，并及时呼应婴儿的需求，婴儿与母亲的亲密依恋得不到满足，不得不过早地学会自我安抚，于是产生了一批又一批精神上“失联孤岛”的孩子。他们成年后也不知道如何与人建立亲密关系。

于是，这些成年“婴儿”发展出各种策略（防御机制）避免在亲密关系中被抛弃。男人最常见的防御机制是，“我只要更成功，赚更多钱，女人就不会离开我了。”而女人常见的防御机制是，“我只要努力照顾家人，为家庭付出越多，就越不会被抛弃。”此外，女人常见的防御机制还包括以下几种：

✤“如果我是可爱的、性感的、漂亮的，就不会被抛弃”，所以有的傻姑娘为了挽留男友的目光跑去整容；

✤“如果我能包容，隐忍克制，就不会被抛弃”，所以有的妻子对丈夫的外遇出轨一忍再忍，心似黄连苦，却面带贤惠笑；

✤“如果我足够弱小，楚楚可怜，全心全意依赖对方，他就会可怜我、照顾我、不忍心抛弃我”。所以有的女性把自己变成了菟丝花，不知自己存在的意义，紧紧缠绕在男性身上，攀附而生。

之所以存在这些想法和行为，是因为这些心理防御机制都曾在童年时保护过他们。随着年龄渐长，这些逐渐深化为他们内心的某种信念。

我曾遇到这样一位来访者，她出生在一个重男轻女的大家庭，作为女儿，尤其是中间的女儿，在家庭中得到父母的关注和爱护最少，最无足轻重，甚至她感觉自己是被父母厌恶的人。所以，她从小勤俭节约，辛苦干活，帮父母分担家庭重担，还特别认真地学习，每次都考第一。因为只有这样，父母才会短暂地注意到她，她觉得自己在家中才能得到一点立足之地。童年的这种生存策略，牢牢地烙印在她的潜意识里，最后变成了控制她一生的信念：我必须要辛苦付出，才能获得稳定的关系。于是在自己组建的新家庭中，她克制、容忍、奉献、牺牲，但最终家庭依然分崩离析，夫妻反目，母子成仇。

夫妻关系的本质是亲密感，而一个人的亲密感则是从母婴依恋时期开始就建立。缺失了亲密感的人，内心也充满了挣扎和不快乐。

但是，十几年的咨询案例让我坚信，即使童年亲密感曾被挫伤，成年后，你仍可以重新建立和维系亲密关系，你只需有坚定的信念和意愿做出调整，得到身边家人的理解和支持。

“下嫁”的女人婚后难幸福?

小安和小栋是同龄人，但个性和背景完全不同。小安从小是个小公主，家境优渥、生活富足，学习动力不足，整天嘻嘻哈哈，不识人间疾苦。小栋则家境贫寒，仅靠单亲妈妈微薄的工资养活兄妹两人，所以从小就隐忍懂事，拼命刻苦攻读，希望可以通过奋斗改变自己和家人的生活。

就是这样两个仿佛来自两个不同世界的人，在高中同班三年时间里，深深地相爱了。可惜，小安已经被家里安排好要出国读大学，而小栋却根本没有这样的经济能力。两个人，分手在即。

幸好，小安的父亲是心疼女儿的，也没有看不起小栋的贫寒家境，反而主动提出愿意资助他和女儿一起出国读书。小栋认真考虑之后，接受了这份好意。四年本科读完，两个人一起回到国内，毫无悬念的牵手走进婚姻的殿堂，小栋也在小安爸爸的帮助下进入了一家大国企工作，小安则安心在家做个幸福的小女人，因为她怀孕了。

故事讲到这里，似乎就应该是“王子与公主从此过着幸福快乐的生活”这种结局，可是生活却开始走了样。

在小安怀孕期间，婆婆过来照顾，小栋的妹妹也来北京找工作，寄住在哥哥家里。因为生活方式和消费观念的差异，三个女人经常发生小摩擦，小栋不胜其烦，经常躲在公司加班到很晚，回家后跟妻子的交流也越来越少。

宝宝出世了，可是小生命的降临并没有缓解家中的紧张气氛，小安很不喜欢婆婆带孩子的方式，婆婆满心委屈跟儿子诉苦，小栋妹妹帮着母亲抱打不平，家中经常硝烟弥漫。就在宝宝四个月大的时候，小安发现小栋出轨了！外遇的对象就是小栋公司的女同事，而且是从她怀孕的时候就开始了。

这件事成为压倒骆驼的最后一根稻草。婆婆和小姑不但没有安慰她，反而指责她“娇气傲慢”“蛮横霸道”“不是个好妻子”，就因为这样，小栋才出轨。小安非常痛苦，她想不明白，为什么一段持续了九年的感情，就这么禁受不住考验？

丈夫小栋描述的却是另一个爱情故事。他说，两人在一起八九年，小安总是比较强势的那一方，什么事情都要自己说了算，也时常会耍一耍公主脾气（当然她自己是没有觉察到的）；而自己这些年对她百般包容，原先是因为爱情，后来爱情淡去，还有恩情，每次争执发生后，不管对错都是他先低头，因为他觉得“这是我欠他们家的”，就连他娶小安，也是为了回报小安父亲对他的栽培之恩。

小栋说，他原本打算拿自己的一辈子来“报恩”，所以能够容忍小安所有的颐指气使。但是他却不能容忍小安对母亲和小妹的“各种瞧不上”。在两面夹击、百般苦恼之下，身边的女同事软语安慰，他终于在外遇对象那里体会到被崇拜、被仰望的感觉，所以不想再过这样的婚姻生活。

小安从来没想到自己心中的“完美爱情”竟然是一场“一个人的童话”，也想过干脆离婚算了，可是抱着只有几个月大的孩子，心疼孩子从小没有爸爸，下不了这个决心。满脸泪痕的小安对我说：“结婚时，我周围所有的朋友都说我这是‘下嫁’。王老师，是不是所有‘下嫁’的女人，都注定不会幸福？”

在回答小安的这个问题之前，我想先要定义一下什么是“下嫁”。

怎样才算“下嫁”？

“下嫁”一词，中国古代早已有之，指的是地位高的女子嫁给地位低的男子，古代特指帝王之女出嫁。在古代，一些大家族会愿意“高门娶妇，低门嫁女”，是因为大户人家的小姐大多幼承庭训、知书达理，娶到这样的女子做媳妇，能够相夫教子、当好贤内助；而自己的女儿“下嫁”到稍微比自家弱一些的家族去，万一女儿受了委屈，娘家也可以出头为女儿撑腰。

如今，“下嫁”的含义进一步拓展，泛指女人嫁给各方面都不如自己的男人。这个词，带有强烈的感情色彩，一方面可以抬高女方身份，另一方面也带出“男方娶到这个女子是天大的福气，要好好珍惜”这层意思。

简而言之，“下嫁”意味着“屈就”，意味着婚姻双方的地位和心理状态从一开始就不平衡。可是，在家庭理论当中，一直都强调平衡的观点，其中的一种平衡就是资源平衡，指的是缔结婚姻的双方在社会地位、个人能力、外貌特征、习俗理念等多方面大体相当。资源平衡的观点，比老百姓常说的“门当户对”范围要更广泛，不是只考虑经济、权势、地位这些外在物质，还要考虑到双方在心理品质、个性特点、成长潜力等方面的匹配度。

为什么“下嫁”的女人难幸福?

就像上文的夫妻，如果仅仅从双方家庭的经济实力和社会权势来比较，女孩的家庭的确要比男孩的家庭“门槛”更高一些，看起来似乎是

“下嫁”了。但是从小夫妻两个人本身而言，丈夫的学习能力、工作能力、心理成熟度，都要比妻子强很多。

所以，在我看来，在婚姻之初，两个人还算资源平衡，小安并不是“下嫁”给了小栋。但是，小安的家人朋友、甚至她自己都觉得“下嫁”了，在婚姻生活中始终以高昂的姿态和俯视的角度看待自己的婚姻伴侣，导致丈夫在家中没有尊严和地位，导致自己与丈夫的家人水火不容，这才是这场婚姻之殇的根本原因。

也就是说，不是“下嫁”的女人不幸福，而是觉得自己“下嫁”的女人，很难获得幸福！

因为，一旦觉得自己“下嫁”，女性在心理上就会不平衡，就会带着不恰当的心理优势步入婚姻，就会对自己的伴侣提出很多要求，百般挑剔，而对自己的种种缺点视而不见，不思改善。她们通常会理所当然地认为婚姻堡垒坚如磐石，对婚姻中潜伏的种种危机丧失警觉，失去经营婚姻、维系亲密感的耐心和细心。

这样的心态，又如何能收获幸福呢？

万一“下嫁”，如何幸福？

当然，我们相信建立在资源平衡基础上的婚姻可能会更牢固。但是，爱情是盲目的、冲动的、不讲理性分析的，爱上一个人的时候，我们会忽略权势、财富、地位和家庭出身，甚至会觉得对方身上的缺点都那么可爱。

所以，为爱献身，如飞蛾扑火般主动“下嫁”的例子，身边也比比皆是。只不过，一些“下嫁”的女性，把婚姻过成了一场悲剧，惨淡离场，然后用自己的切肤之痛一遍遍教导周围的人，“‘下嫁’的女人不幸福”；而另一些女性则通过努力，把一段一开始不被周围人看好的婚姻，经营成了人人羡慕的美满家庭的典范，用时间证明了自己当年的英明选择。

所以，“下嫁”的女人未必不能幸福，关键是她们如何对待自己婚后的生活，如何处理“下嫁”之后的心态。这一点，建议大家可以向玛莎·伯纳斯女士学习，她的丈夫就是大名鼎鼎的心理学巨匠、精神分析学家弗洛伊德。

弗洛伊德和玛莎相恋四年，30 岁时结婚，一辈子相依相守，风风雨雨度过了 53 年。弗洛伊德从未移情别恋，对妻子始终如一，直到 83 岁离世。这样一段爱情神话，恰恰是建立在一场“下嫁”的基础上的。希望玛莎的做法，对已经“下嫁”或者打算“下嫁”的女性朋友有所启示。

第一，请尊重你的伴侣，时刻维护他的尊严。玛莎是一个大家闺秀，被年轻的弗洛伊德的才华和魅力所吸引，芳心暗许，她没有嫌弃弗洛伊德贫穷，不顾母亲的反对，坚持和弗洛伊德在一起，最后他们还是在亲友的赞助下才得以完婚。这可以称得上标准的“下嫁”。

弗洛伊德一生都不富足，与玛莎原来的家庭环境天差地别，可是，玛莎从没有抱怨过弗洛伊德“没本事”“赚不到钱”，即使是在弗洛伊德的理论不被学术界接受，被整个欧洲攻击和质疑的十几年中，玛莎依然选择不离不弃，在背后默默地、全心全意地支持着丈夫。这样的妻子，如何不赢得丈夫的满心尊重和爱意呢?

第二，除非万不得已，不要回娘家抱怨。如果不是原则性的分歧和争执，切忌不要回娘家抱怨。在父母眼中，你已经是“下嫁”，丈夫倘若对你不好，在他们眼中你的丈夫就是“不识好歹”“忘恩负义”，本来是小夫妻之间的矛盾，可能就变成两个家族的问题。

玛莎与弗洛伊德的婚后生活一直贫穷，经济拮据，但玛莎没有任何怨言，也从来没有回娘家寻求经济上的援助，更没有带着娘家的金钱支持回来甩给丈夫，以证明其“无能”“最后还是要靠娘家”。显然，玛莎非常懂得如何去维护丈夫在娘家人心中的形象。

不是“下嫁”的女人不幸福，而是觉得自己“下嫁”的女人，很难获得幸福。一旦觉得自己“下嫁”，女性就会带着不恰当的心理优势步入婚姻，对伴侣百般挑剔，对自己的种种缺点却视而不见，不思改善。这样的心态，又如何能收获幸福呢？

第三，努力融入他的原生家庭和朋友圈。让“下嫁”的女人最头痛的一点，恐怕就是如何应对丈夫的家人和朋友们了，因为彼此间的价值观和生活习惯的差异可能非常大。小安就曾因为买了一条上千元的连衣裙而被婆婆指责“不会过日子”，然后爆发了一场婆媳大战。

曾经有一位女学生问我，该不该接受一个“凤凰男”的求婚？不是她不爱，也不是对男朋友本人有不满，而是她不知道该怎么面对他老家的家人，也被闺蜜描述的未来“老乡一波一波来家里打秋风”的可能场景给吓到了。

其实，既然选择嫁给这个男人，就等于选择与他的原生家庭“亲密接触”，躲不开、逃不了，只能放开怀抱、努力融入。就像玛莎一样，多年来始终乐于帮助弗洛伊德的兄弟姐妹，而不把他们视为累赘；尽管她不懂弗洛伊德的精神分析理论，但是她很喜欢丈夫的朋友和学生，经常在家里接待他们，与他们建立深厚的友谊，所谓“爱屋及乌”就是如此。她成为弗洛伊德不可多得的贤内助，夫妻两人恩爱一生。

小 结

在这里我们谈论了“下嫁”的女人会不会幸福的问题。我们认为，觉得自己“下嫁”的女性，恐怕很难获得幸福。实际上，为了爱情，客观上“下嫁”的情况是存在的，但即使是“下嫁”，只要用心经营，照样可以收获幸福。

女人的婚姻幸福还是不幸福，根源不在于“下嫁”还是“攀高枝”，而在于能不能用心地把双方资源从原本“不平衡”转变成“平衡”，是否能够包容原生家庭的巨大鸿沟，能否把决心步入婚姻的冲动变成天长日久的亲密无间。

“一分耕耘一分收获”，这句话，同样适用于婚姻！

为什么总把最坏的脾气砸向最亲的人？

老师在课堂上向同学们提问：“要怎么解释‘与人分担痛苦，会使痛苦减半’呢？”此时，小明站了起来，回答说：“如果我爸爸揍我，我就揍我的弟弟！”

生活的压力会让很多人觉得“累”，而每个感到“累”的人都想找一个“情绪垃圾桶”去倾倒。一项心理学调查发现，大部分男人对老妈发火最多，大部分女人对老公发火最多，离异者对孩子发火最多，没有了母亲的男人甚至会对桌子、凳子发火。

我自己也有类似感觉，越是对亲近的人，越控制不住恶魔的一面。为什么我们可以在关系平平的人面前维持谦和客气，却总是忍不住把最坏的脾气砸向最亲的人？比如，对伴侣挑三嫌四，对孩子粗暴吼叫，对父母看不顺眼，对死党刻薄毒舌……

著名的“踢猫效应”

一个男人在公司受到了老板的批评，非常气愤地回到家中，正好碰到妻子向他炫耀新买的衣服，他便与妻子吵了一架。妻子的怒火无处发泄，把在旁边玩耍的孩子训斥了一番。孩子莫名其妙被斥责了，感到非常委屈，看到院子里正在玩耍的猫，就去狠狠地踢了一脚。于是猫逃到了街上，恰巧一辆卡车开了过来，司机赶紧避让，结果撞伤了路人。

这种现象便是心理学上著名的“踢猫效应”。它形象地说明了负面情绪在不同人之间流动和转移的过程。我们都是“踢猫效应”生物链上的一环，一边在承接着别人的负面情绪，一边又在把自己的负面情绪传递出去。通常，这种负面情绪会随着链条逐级传递，由地位高的传向地位低的，由强者传向弱者，最终无处发泄的最弱小者便成了不良情绪的牺牲品。

曾经看到过一则新闻，一位6岁女孩的父亲，苦于女儿“不听话”，喝酒后把她拉到一座大桥上，恐吓女儿自己要跳下去。所幸，附近派出所的民警及时阻止，一场风波才得以平息。那位父亲告诉民警，他离婚后独自抚养女儿，很是辛苦，但女儿又常常“犯错”，所以才会在酒后做出这样荒唐的事情，不是真的想跳桥，只是想吓唬吓唬女儿。

单身父亲带孩子的不容易值得理解，但是一个6岁的孩子怎么承受得起父亲以死亡相要挟，来指责自己的“不听话”？看似是这位父亲恨铁不成钢的爱女之心，实际上或许是他自己不堪沉重的生活压力，在借机发泄积压的负面情绪。女儿成为父亲不经意的“情绪垃圾桶”，却要为此付出极大的心理成本，“我是个坏孩子”“爸爸都被我气得要寻死”，这种自我评价和心理阴影甚至有可能伴随她的一生。

为何最亲的人最倒霉？

第一，对最亲的人发火，需要支付的愤怒成本貌似最低。当你不开心时，谁最有可能成为接受你负面情绪的“下线”？老板吗？除非你打定主意不想继续在这家公司干了。同事呢？人在江湖漂，小伙伴太重要了，轻易不可得罪。客户呢？个个都是祖师爷，就差供起来了，恭敬还

心理学上著名的“踢猫效应”形象地说明了负面情绪在不同人之间的流动和转移。我们都是“踢猫效应”生物链上的一环，一边在承接着别人的负面情绪，一边又在把自己的负面情绪传递出去。通常，负面情绪会由地位高的向地位低的传递，由强者传向弱者，最终无处发泄的最弱小者成了不良情绪的牺牲品。

恭敬不过来呢。朋友呢？关系不到一定程度还真不敢随意发飙。陌生人？这年头儿谁也不会惯着谁，社会新闻报道的事件中有的人一言不合都能酿成血案。于是，身边亲密的人，就成为我们支付成本最低的发火对象。

第二，对最亲的人发火，觉得安全。处于核心亲密关系的人，大多是我们的伴侣、父母、子女，不是有血缘关系的，就是有着比血缘更深厚的关系，打不散、吵不走，打断骨头连着筋，甭管今天吵架时骂出的话多伤人，明天还得一张桌吃饭、一个壶里喝水。

在家庭中，年龄小的孩子容易成为父母负面情绪转移的接收者。对孩子迁怒后，有的父母会有短短的愧疚，有的父母甚至不觉得自己是在迁怒，然后这些就被时间掩盖了。

进入青春期以后，甚至成年后，孩子又特别容易拿自己的父母作为负面情绪转移的接收者，把自己在学业、工作、恋爱上遇到的各种坏情绪，一股脑地丢向爸妈。“他们爱我、了解我、不会抛弃我，所以我在他们面前就无所顾忌，不去控制自己的情绪。”

但是，对最亲的人发火，间接成本却是最高的。在刚才，我就说过，对最亲的人发火，需要支付的愤怒成本“貌似”最低。所谓“貌似”，指的是发火后的短期内，你不会觉察到对亲密关系的伤害，因为对方采取了默默承受的态度。但对方的内心可能已经对你产生了失望情绪，越是亲密，这种伤害就越重。所以时间久了，伤害越多，感情就会慢慢地淡了。冰冻三尺非一日之寒，在亲密关系上，确实存在着“千里之堤，毁于蚁穴”的现象。

“踢猫效应”的启示

一是经常内观自己的情绪，找到自己的问题。如果你被别人激怒，想要发火时，请记得先让负面情绪“冷冻”3 秒钟，“内观”一下自己的内心和情绪。也许不是因为对方的行为有多让人难以忍受，而是自己本身蓄积的恶劣情绪无处发泄。比如，在开车回家途中爆发“路怒症”，跟别人发生剐蹭，或者在地铁里因为拥挤而与别人发生推搡和冲突，这些都有可能是因为你已经窝了一肚子火，出现了易激惹的情绪。

二是把外面的情绪留在外面，愉悦回家。我们经常把家称为港湾，因为这是我们休息放松的地方，所以有的人任意将职场中的压力带回家，不管是阴沉着脸，还是愁眉苦脸，都是一种没有责任感的做法，更不用说拿家人当发泄口。

三是适度宣泄情绪，让“踢猫效应”在你这里终止。不良情绪的止步，需要一个正确的“宣泄途径”，只要无害于他人、无损于社会公德，都没有问题。遇到负能量超标时，通过沉浸于运动、艺术、读书、旅行等活动，把你的注意力转移出来，它们可以成为你减压的秘密花园，你将拥有更开阔的思维和更平和的心境。

情商最高的行为，就是对最熟悉、最亲的人，依然能保持尊重和耐心。希望我们能妥善管理自己的情绪，不要让“炮火”打击到最爱我们的人，这亦是人生的一种修炼。

婚姻是爱情的坟墓吗？因为“爱情沉默症”

刘昊和李楠相恋一年，终于在去年10月登记结婚。两个人在恋爱时形影不离，看电影、逛街、说情话……天天见面也不腻。就在去年夏天，刘昊用鲜花、钻戒和赤诚的心，彻底“征服”了李楠，两人携手踏入了婚姻的殿堂。

听说“婚姻是爱情的坟墓”，两人偏不信，发誓要让自己的爱情保鲜一百年。在蜜月期，两人的确是情意绵绵，颇有“只羡鸳鸯不羡仙”之感。但是，休完婚假开始正常上班之后，情形就变了。

刘昊工作非常忙碌，公司离家又远，每天都要花两三个小时在路上。回到家，他总感觉很疲惫，往往吃过晚饭、洗漱过后，看会儿电视就上床睡了，偶尔兴致来了，上网打一会儿游戏。

李楠明显感到老公对自己的态度有所降温，有时问他话，他只会回答“是”或“不是”，没有什么精神，也不太愿意回答。夫妻性生活也跟着降温，近乎变成了一种程式化的、必须要完成的一项工作。事毕后，刘昊转身呼呼大睡，不再像以前那样抱着李楠有着说不完的甜言蜜语。

有一次，李楠问刘昊：“我们周末回我爸妈家，好不好？”

刘昊答道：“是！”

李楠直接火了，“我问你好不好，你却回答‘是’，什么意思啊？你是不是烦我了？我们谈恋爱的时间这么短，你是不是觉得我这么快就被你追到手、娶进门，就不知珍惜了？！”

刘昊听了，也不相让，说道：“你不知道我工作很累吗？一点儿也不知道体谅我！就这些小事，你自己安排一下不就行了？！”

李楠听了更加生气，俩人各不相让，吵了起来。

这是他们婚后第一次争吵。之后的一段时间，他们像很多夫妻一样，陷入了“冷战”。

虽然“冷战”过后还是要正常过日子，但彼此心中都留下了“心结”，争吵开始变得越来越频繁，事由也变得越来越琐碎，“冷战”变得越来越常态化。虽然他们彼此还爱着对方，但这种充满冲突的婚姻生活正在一点一点地消磨他们的爱情。

李楠自己也很苦闷：“也许吵着吵着，突然哪一天，这个家就真的吵散了。可是，我就是控制不住自己的脾气，他也不知道让一让我、哄一哄我！”

显然，他们的婚姻遇到了很大的危机。

“爱情沉默症”是个自然现象

处于热恋中的青年男女，总有说不完的情话，诉不尽的甜言蜜语。可是，许多人一旦成为夫妻，就认为没必要把爱说出来。丈夫做好他的事，挣钱养家，妻子尽好本分，相夫教子。天天甜言蜜语，一是没有必要，二是也显得假惺惺，还是踏踏实实过日子最实在。日常生活中的话语也开始变得简单、直接，甚至粗暴，比如“喂，饭做好了没？”“快点儿去买包盐回来！”“你怎么那么讨厌啊！”

这是目前很多夫妻对婚姻所持的态度。他们一反热恋时的亲密与热烈，不重视经营婚后夫妻情感，甚至不屑一顾，以致夫妻之间除了“柴米油盐”和“孩子”之外，已无话可讲。

就这样，睡在同一张床上，却一天讲不上几句话的夫妻，成了彼此最熟悉的陌生人。比如，前文中的刘昊和李楠，他们的婚姻之所以危机四伏，其实是因为患上了“爱情沉默症”。

“爱情沉默症”是如今出现概率较高的夫妻相处模式。我在文末附上了“爱情沉默症”的 19 个主要表现，请读者朋友认真地对照一番。

不知这 19 项你和爱人中了几项呢？在前面《婚姻的本质是什么？》一文中，我介绍过亲密感的三条标准，本篇的 19 个表现无疑是亲密感遭到破坏后夫妻生活的形象写照。

一般来说，这 19 项中，如果你家超过 5 项，就属于有了“爱情沉默症”的倾向，请提高警惕；如果超过 10 项，请立即开始按照我们后面的方法采取行动予以矫治；如果超过 15 项的话，呃……

有人曾说过:“男人把追求异性当成自己的事业，一旦追到手，就会转移目标去追求另一份事业。”其实，人在婚后不再投入与恋爱时同等的精力，是感情发展的自然过程，男女双方都一样。结婚之前，双方都会把爱情当成自己人生追求的目标之一，苦心经营；而结婚以后，又会各自去追求自己人生的其他目标。比如，男人可能把心思更多地放到事业、升职和加薪上，而女人可能更多地心思放到养育孩子、职场发展或其他方面。

因此，从心理状态来说，“爱情沉默症”这种现象很正常，也很普遍。恋爱时投入过多的精力，这本身就是一种短暂的应激状态，不可能永久持续。人总是要恢复到正常的心理和情感表达状态的。所以，大多数人在婚后出现较少的情感交流，陷入“沉默”状态，实属正常，并非是有了外遇或情感出轨。

但是，“爱情沉默症”的正常性和普遍性，并不能掩盖其对婚姻带来的负面影响，此时，如何经营婚姻就显得尤为重要。

五招干预“爱情沉默症”

其实，我们都知道，爱情虽然唯美浪漫，但并不是光嘴上说说就能永恒，真的需要去用心经营。

我们为大家提供了几项干预“爱情沉默症”的做法，希望可以有所启发。

第一，偶尔的争吵比回避和漠视要好得多。许多夫妻为了求得表面和谐，会刻意地躲避争吵，选择隐忍或漠视。殊不知，偶尔的争吵比回避和漠视，进而麻木要好得多。至少在争吵中，夫妻之间的情绪彼此影响，内心还在交流，当然，这种沟通成本也很大。

“心理距离”极其诡谲，因为它一旦发展起来，有可能缓慢得让我们觉察不到，又或者飞快得让我们追悔莫及。每一次我们回避伴侣，都是对彼此的一次疏远；而当量变累积到质变的时候，爱情的消散几可预见。

第二，不要总想着自己的尊严。家，不是讲理的地方，而是谈情的地方。夫妻之间，不存在“谁怕谁”的问题，只有谁更在乎谁，谁更愿意为对方让步。请丢掉“我先低头，就没有面子了”这样的想法，因为主动与热情本身就是对爱人的一种尊重与依赖。

同样，如果对方先向你认错低头，也不要以一副胜利者的姿态出现，这样不但会伤害对方的自尊心和真挚情感，也在对方心目中拉低了自己的形象。对方给个台阶，咱们就赶紧下来，千万不要“吵赢了一架却输掉了一生”。

第三，学会共同创造新生活。在周末安排一些娱乐项目，培养一项夫妻共同的爱好，这不仅是巩固和发展夫妻感情的需要，也是对繁忙工作的一种调剂。休闲娱乐和情感沟通能使人们从紧张的生活节奏中解脱出来，发挥充电蓄能的作用，让我们以旺盛的精力和充沛的体力继续工作与学习。

第四，区分“大男子主义”和“男子汉”。真正的男子汉，应是既懂“大义”，又明“细理”，会适当地表达情感。可惜有的男性，错把“大男子主义”当成是“男子汉”的特征，秉着任何事情都是“我说了算”的心态，武断地决定着家中的大小事务。他们认为如果在家中自己不能像皇帝一样金口玉言，就是“有损男性权威”，有时候他的决策甚至都不通知妻子一下，这样自然容易导致家庭不和。

第五，定期“滚床单”，可以稳固爱情。和谐的性生活是强化夫妻感情的黏合剂。即便两个人的关系相对平稳，彼此间早已失去了热恋时的激情澎湃，滚床单时的快感也远不如当初那样强烈，我们依然建议伴侣们还是继续有规律地“滚床单”。因为，此时的“滚床单”，可以变成夫妻之间最亲密无间的交流方式，可以让双方从心里建立起“一体”的感觉。

此外，特别不建议有的女性与先生产生矛盾后，利用中止性行为的做法来报复对方，这属于“杀敌一千，自损八百”的做法。

曾经看过这样的一句话，“婚姻是件瓷器，做起来困难，打碎容易，收拾好满地碎片，却是一件不易的事”，我深以为然。经营好一段婚姻，对抗“爱情沉默症”，可能要花上我们大半生的时间。夫妻一场是缘分，且行且珍惜！

附：“爱情沉默症”自测量表

1. 很少对爱人说一些甜蜜的话；

2. 从不向爱人认错；

3. 夫妻之间从不讨论性生活的问题；

4. 很少去想爱人需要些什么物品；

5. 常常觉得与爱人聊天是在浪费时间；

6. 喜欢一个人做决定，不愿与配偶商量；

7. 认为故意取悦对方是庸俗的表现；

8. 搞不清爱人对自己的感情如何；

9. 爱人做了件自以为得意的事，你却不以为然，觉得根本没什么了不起，不值得庆贺；

10. 遇到矛盾或冲突，夫妻俩经常生闷气；

11. 觉得“在爱人面前认错是很丢人的”；

12. 有些事心里很不满，可又怕说出来伤了夫妻感情，所以自己忍着；

13. 不知道爱人到底对自己哪一方面不满意；

14. 婚后很少坐下来深入交流情感；

15. 爱人生气时，自己敬而远之、置之不理，等对方自己调整；

16. 有许多话不愿意跟爱人说，可能会跟好友或父母说；

17. 在爱人面前谈论自己的想法时，对方常显得心不在焉；

18. 俩人在一起时，常觉得无聊，不知道该做点什么；

19. 很少去探究爱人为什么总是情绪不好。

第四章

懂孩子，才能更好地爱孩子

快乐，从胎儿开始……

最近咨询室来了一位准妈妈，因为患上了产前抑郁症，满脸憔悴。在咨询过程中，她情绪烦躁不安，多次难以控制地大哭，哭完又是各种担心，诸如电脑会不会影响孩子的智商，晚上多梦会不会影响胎儿休息，自己抑郁会不会影响孩子将来也是个“爱哭包”。

我发现，她之所以对胎儿的发育产生焦虑，一方面是因为自己是一位36岁初次怀孕的高龄产妇，身边的家人和朋友都对胎儿表现得过于小心翼翼，用她自己的话来说，就是“担心我打个喷嚏就会流产”；另一方面则是她先生因为在外地工作无法陪在她的身边，尽管她对自己说要理解丈夫，但内心还是充满了纠结、冲突和不开心。这种负面情绪与孕期荷尔蒙分泌的变化交织在一起，成为她产前焦虑的诱因。

可是，问题恰恰在于，母亲的情绪也是影响胎儿正常发育的重要因素之一。当母体产生了较强烈的情绪时，母体神经激素会异常分泌，影响母体的生理变化，而身处于这种“大环境”下的胎儿也会随之开始出现生理变化，这种变化会刺激胎儿的下丘脑（情绪中枢），从而使胎儿产生与母亲类似的情绪反应。也就是说，准妈妈开心，胎儿就会感到快乐愉悦，准妈妈难过，胎儿也会变得不开心，这是生理机制完成的情绪传导。

那天我把我所知道的、可以影响胎儿发育的因素全都告诉了这位准妈妈，并且教给她一些缓解抑郁的方法。没过多久，我就收到了她状态好转的良好反馈。

胎儿发展的三个阶段

根据胎儿发育的特征，我们可以将产前分为三个发展阶段。如果按照危险性从高到低排序的话，应该是胚胎阶段 > 胎儿阶段 > 胚种阶段。

胚种阶段，指从形成受精卵到胚胎组织着床这个阶段，大约持续两周。很多女性在这个时候还不知道自己已经怀上了宝宝。

胚胎阶段，指产前发展的第 3~8 周。胚胎阶段是器官分化形成的关键期，也是胚胎对环境中危险因素影响最敏感的时期，如果受到环境中危险因素的影响（包括感染、药物、辐射和营养不良等），胚胎将出现严重畸形。

胎儿阶段，指产前发展中的第 8~38 周。在这段时期，环境中的危险因素导致胎儿畸形的可能性明显减小，但母亲营养不良、情绪不良或疾病等因素，同样可能导致胎儿发育迟缓。

影响胎儿发育的因素有哪些?

第一类是遗传因素。生物体的各种性状特征可以通过生殖一代一代地传递下去，这种遗传通过染色体和基因的传递实现。如果家族有遗传性疾病的话，胎儿就会受到一定程度的影响，当然，也要看这种疾病是显性遗传还是隐性遗传。

第二类是环境因素，具体可以分为物理因素和化学因素。

生活中影响母体和胎儿发育的物理因素，通常包括：

- ✤ 电离辐射，会影响胎儿的脑发育，引起胎儿脑神经元受损；
- ✤ 噪声，可能引发母体宫缩，影响胎儿的血液供应；
- ✤ 超声波，可能影响胎儿大脑发育和耳膜；
- ✤ 妊娠期高温，增加流产和死胎发生率；
- ✤ 电磁场，胎儿对电磁场的敏感性比成人高 2~3 倍；

等等。

通常生活中影响胎儿发育的化学因素包括：

- ✤ 汞，会引起胎儿脑神经麻痹与智力低下；
- ✤ 铅，可能导致低体重儿，胎儿发育迟缓、智力低下；
- ✤ 四环素，是四环素族抗生素中最基本的化合物，四环素族抗生素主要包括金霉素、土霉素和四环素，可抑制胎儿牙齿和骨骼的生长；
- ✤ 链霉素，是继青霉素后第二个生产并用于临床的抗生素，对于结核杆菌有特效作用，会导致胎儿先天耳聋；
- ✤ 烟草中的焦油、尼古丁等，可以使胎盘的血管受损，母亲吸烟与新生儿低出生体重、高死亡率相关；
- ✤ 母亲过度酗酒，不仅会造成胎儿身体发育异常，而且会导致胎儿出生后出现严重的精神障碍和智力迟滞；
- ✤ 母亲吸毒，会导致胎儿在母体中就对毒品成瘾，出生后便出现毒品戒断症状，如烦躁不安、活动过度、对刺激高度敏感等，如果不加以治疗，他们可能死亡。

第三类是母体因素，主要包括孕期营养、情绪和疾病。

母亲在怀孕时营养不良，特别是蛋白质供应不足，一方面会导致新生儿出生低体重和高死亡率，另一方面会导致胎儿的脑发育会受到永久性的损害。这些儿童在智力、运动技能发展上都明显落后于母体营养充足的那些儿童。不过在物质较为发达的今天，母亲营养不足较为少见，更多的是营养过度摄入，导致胎儿过大，给分娩造成影响。

母亲的情绪，包括精神压力，如担心、焦虑、夫妻关系不和、意外惊吓、打击等，都会给胎儿造成不利影响，其作用机制已在前文陈述过，不再赘述。

如果疾病通过胎盘进入胚胎，可以造成胚胎畸形。比如，风疹感染只会导致成人出现类似流感的症状，但是如果母亲在怀孕早期感染风疹病毒，则可能导致流产、死胎，或胎儿出生后可能出现先天性白内障等眼部疾病，以及心脏畸形、先天耳聋、小头症和智力障碍等缺陷。

虽然罗列出的上述影响因素，可能让某些读者感到触目惊心。可是，只要我们在孕期有意识地避免这些因素，规律作息，均衡饮食，就不需要担心胎儿的生理和情绪发育。做一个开心快乐的、情绪平和的待产妈妈，就是送给亲爱宝贝的第一份礼物！

母婴依恋，生命最初的纽带

你家宝贝在2岁的时候，离开妈妈时，有怎样的表现呢？你是否知道这种表现可以预测孩子未来的性格、态度和行为呢？本篇重点分享的主题是依恋关系。

一提起依恋关系，很多家长并不陌生，它指的是婴儿与主要抚养者（通常是母亲）之间最初的情感联系，是婴儿和关系最密切的成人在相互交往中逐渐建立起来的互动关系。所以，如果这个人是母亲，就称为母婴依恋；如果是奶奶、姥姥或保姆，只要她们与孩子接触更密切，也有可能取代母亲，与婴儿形成依恋关系。

1973年，美国著名心理学家玛丽·爱因斯沃斯（Mary Ainsworth）使用“陌生情境法”深入研究了依恋关系。

研究人员将2岁左右的婴儿和母亲带到实验室中，观察婴儿在游戏时与母亲的互动情况，然后要求母亲离开房间，一位陌生人进入房间与婴儿游戏一段时间，母亲再返回。结果发现，有的孩子在与母亲独自相处时，积极地探索环境；在与母亲分离后，明显地产生不安；当母亲返回时，就寻找母亲，很快地与母亲接触，很容易又高兴起来。而另一些孩子在与母亲独处时相当焦虑，不愿意进行探索活动；与母亲分离后，表现出非常不安；母亲返回来时，对母亲曾经离开表现出强烈不满，试图留在母亲的身边，但对母亲的接触又表示反抗。

你家的依恋关系，安全吗?

根据不同婴儿对母亲的反应，心理学研究者界定了三种基本的依恋关系：

第一种，安全型依恋。在母亲在场时，这类婴儿能安逸地游戏和探索；母亲离开时，他们情绪出现困扰；但母亲回来后，很快又恢复平静。这种依恋关系下的婴儿对陌生人的反应比较积极，能顺利地与陌生人交往，一般比较快乐和自信。

第二种，回避型依恋。母亲在场或不在场对这类婴儿影响不大，母亲离开时，他们也并不表现出分离焦虑，实际上这类婴儿并未形成对成人的真正依恋。这种关系下的妈妈对孩子也不很负责，甚至很少参与孩子的养育过程，结果自然而然地，孩子对妈妈也表现出疏远、冷淡。经研究表明，回避型依恋儿童易成长为具有反社会性和攻击性行为的个体。

第三种，焦虑—矛盾型依恋。这类儿童似乎离不开母亲，母亲离开时极度痛苦，但母亲返回后又表现出矛盾心理，既想寻求与母亲接触，又在母亲亲近时生气地拒绝和反抗。在这种关系中，妈妈对孩子的需求不是特别敏感和关心，孩子很焦虑，害怕陌生环境，别的大人不易让他们安静下来。焦虑—矛盾型依恋的儿童长大后易表现出退缩性行为。

后面两种依恋关系，都称为不安全的依恋关系。研究发现，依恋的质量会影响孩子的情绪情感、性格、社会行为以及对人的态度。安全型依恋的儿童长大后，会有高自尊，可以建立信任、持久的良好人际关系，善于获得社会支持，具备与他人分享良好感受的能力。而在不安全依恋关系中成长的孩子，长大后更容易出现问题心理和问题行为。

所以，我们需要努力与孩子一起建立安全的依恋关系。

如何建立安全的依恋关系?

第一阶段：婴儿出生到 6 周左右。这时候，婴儿开始与身边的成年人有了亲密接触，比如抓握大人的手指、凝视成人的眼睛、用微笑或哭泣来表达自己的情绪。这一阶段的婴儿可以识别自己母亲的气味和声音，但是，还没有形成对妈妈的依恋，因为他们不介意跟不熟悉的大人待在一起。

第二阶段：婴儿 6 周至 6~8 个月。在这一阶段，婴儿对熟悉的照料者和陌生人出现了大不相同的反应。随着婴儿与母亲持续的交流，每当婴儿发出信号（如哼唧、表情、手势、目光指向等）来表达需求时，身边的照料者若都积极应答，快速做出反应，多次之后，婴儿就会对身边的照料者产生信任感。当然，如果身边的照料者没有及时、正确地应答，婴儿就会形成失望感，而这对依恋关系的形成具有极大的破坏力。

第三阶段：6~8 个月至 1.5~2 岁。婴儿明显表现出分离焦虑，也就是说，他们会在依赖的成人离开时感到难过。大一些的婴儿和学步儿还努力尝试挽留妈妈（或熟悉的照料者），比如接近、跟随并爬到妈妈（或熟悉的照料者）身上。他们把妈妈（或熟悉的照料者）当作重要的安全基地，从中获得情感支持。但也恰恰是在这一阶段，职业女性休完 6 个月的产假，必须重回工作场所，每天陪伴宝贝的时间自然减少。有的甚至因为路途遥远、工作压力大等原因，而不得不给孩子断奶。这就更加导致婴儿在建立依恋关系的敏感时期，母亲缺位，婴儿不得不与其他扶养者建立依恋关系，或者形成“精神孤岛”，无法与任何人建立依恋关系。这也是不安全型依恋关系之所以会形成的主要原因之一。

第四阶段：18 个月至 2 岁以后。孩子慢慢能够理解母亲（或建立依恋关系的那个人）的离去，认识到母亲的离开是暂时的，母亲是爱他

母亲在场时，安全型依恋婴儿能安逸地游戏和探索；母亲离开时，他们情绪出现困扰；但母亲回来后，他们很快又恢复平静。这种依恋关系下的婴儿对陌生人的反应比较积极，能顺利地与陌生人交往，一般比较快乐和自信。

的。这种稳定的认识一旦建立，孩子对妈妈离开的恐惧就会大大减小，从而减少分离焦虑的程度，提升对母亲的信任。

研究表明，几乎所有的婴儿在 1 岁左右都能与抚养者形成某种依恋关系。至于形成的是安全型依恋，还是不安全型依恋，则因人而异。

对于希望与孩子建立安全型依恋关系的抚养者们，我们建议做到以下几点：

第一，在第一阶段保持对婴儿释放信息的敏感度，做到及时回应、正确解读，当然，这需要我们时时关注、关心婴儿的各种表达与反馈，对婴儿的日常表现非常了解。

第二，在第三阶段加强对孩子的陪伴和关注，即使是职业女性，建议回家后抛开工作的烦恼，与孩子亲密互动，多做游戏，体会母亲与孩子间的天然的亲昵与爱。

第三，在与宝贝形成依恋关系的时期，保持愉快的情绪与孩子交流。没有婴儿愿意与怒火冲天、愁眉苦脸、闷闷不乐、烦躁不安的成人建立亲密的依恋关系。

一份付出，一分收获，让孩子感受到你的爱、陪伴和悉心的照料，是安全型依恋形成的基础，也是未来良好亲子关系的基础。亲密感，从小开始，终身受益！

如何读懂婴儿的世界？

相信每个人早就忘记了自己是如何在生命之初进行探索的，也早就不记得世界在我们的主观认知中是如何一点点搭建起来的。但是，养育一个新生命，观察生命的成长经历，可以帮助我们重新经历一次生命从0到1、从1到无穷的神奇历程。

恰好有几位新妈妈不约而同地联系我，想知道一些宝宝的认知特点，所以我就专门写了这篇文章，分享处于生命早期的孩子在认知思维方面的发展规律。希望可以满足新任爸爸妈妈们的知识需求，也可以帮助我们重新感受生命的奇妙。

认知发展的整体规律

感觉和知觉，合称感知觉，是人脑对客观事物的外部属性的反应，包括视觉、味觉、听觉、嗅觉、皮肤觉、运动觉、空间和时间知觉等，也是我们每个人最早出现的心理现象和最基本的心理过程。

儿童的感觉是在他们不断的活动中发展起来的，主要遵循两个规律。

规律一，从近距离感觉逐渐转向远距离感觉。出生后，首先发展的是以肤觉、味觉为中心的近距离感觉，随后逐渐发展以视觉、听觉为中心的远距离感觉。

规律二，各种感觉从单独起作用，逐渐发展到相互结合、共同发挥作用。儿童出生后的前半年，主要是通过各种感觉去认识事物。随着动作的发展，视觉、听觉、运动觉、触觉之间建立了多种联系，产生对复合刺激的综合反映。比如说，婴儿对于妈妈的印象，就包括了妈妈的长相、声音、气味等多种感觉通道收集的综合信息。

触觉，重要的生命“保护伞”

婴儿出生后，最早出现的感觉之一就是皮肤觉，包括触觉、痛觉、冷觉和温觉等，这些反应对于维持婴儿的生命具有直接的生物学意义。

记得曾经看过一个纪录片，里面讲述了一个先天痛觉缺失的孩子。乍一听，没有痛觉，感受不到疼痛，这该多美好。可是随着采访逐渐深入，采访者才发现，没有痛觉是一件非常危险的事情。那个孩子在 6 岁时摔了一跤，自己不觉得痛，后来被家人送进医院才知道，竟然已经摔得骨折了。

所以，婴儿的皮肤觉，是一种非常必要的自我保护机制。感觉到皮肤的疼痛，婴儿就会大哭，以提示养育者拿走那些让他不舒服的物品。此外，新生儿对温度的感觉非常灵敏，他们对过冷、过热的牛奶或洗澡水都有反应。

新生儿的触觉已高度发达，特别敏感的是嘴唇、手掌、脚掌、前额和眼帘等部位，不过在这方面存在着性别差异。一般来说，女孩子的触觉会更为敏感。

触感是神经组织最重要的营养，触觉的敏锐度会影响大脑的辨识能力、身体的灵活程度以及情绪的好坏。在实际生活中，我们发现，触觉过度敏锐的幼儿，通常神经反应也比较快，智商（IQ）通常比较高，但由于情绪的自我控制不是很好，所以在情商（EQ）方面的能力会相对

婴儿出生后应该和母亲在一起，母婴之间需要保持经常性的肌肤相亲。肌肤接触可以刺激婴儿大脑皮层的发展，改善婴儿的呼吸和睡眠，还可以促使乳汁尽早分泌及流出，防止母亲产后抑郁，母婴双方会更加平静，有助于安全型依恋关系的建立。

差一点。父母需要有意识、有目的地关注这类婴儿的情绪反应，协助其掌握情绪控制的方法。

大量研究表明，婴儿出生后应该和母亲在一起，与婴儿保持经常性的肌肤相亲，好处多多。

一是肌肤接触可以刺激婴儿大脑皮层的发展，促进大脑发育。有研究发现，在婴儿期经常与母亲肌肤相贴的孩子，到 10 岁时对压力的应激反应能力明显较强，神经系统功能更为成熟，思维能力也更强。

二是有助于培养母婴依恋关系。肌肤接触能让母婴双方更加平静，在心理上让婴儿感受到环境的安全，培养对母亲的信任。

三是可以改善婴儿的呼吸。对于肺功能发育不充分的早产儿来说，肌肤接触有助于改善其氧饱和度，使呼吸更顺畅。

四是可以调控婴儿体温。有研究显示，母婴肌肤接触 30 分钟，就会使婴儿体温趋于稳定。更神奇的是，如果婴儿体温低，妈妈的体温会升高；一旦婴儿温度过高，妈妈体温就会降低。

五是改善婴儿睡眠。无论婴儿处于睡眠状态，还是觉醒状态，肌肤接触都可以改善其睡眠周期，保证高质量的深度睡眠。我们在生活中也发现，婴儿贴着妈妈睡觉的时候，睡得比较沉，也比较久。

六是促使乳汁尽早分泌及流出，也可以防止产后抑郁。产后，雌激素和孕激素水平的大幅变化会导致某些女性产生产后抑郁。母婴之间早一些开始肌肤接触，有助于母亲体内产生更多的泌乳素和催产素，两者诱发泌乳反射和喷乳反射，促使乳汁分泌及流出。而催产素也在一定程度上有助于改善情绪，防止产后抑郁。

孩子的视觉发育

刚刚出生的婴儿，视力很差，他们眼中的人脸更像是一个个模糊的圆形。2个月大的婴儿就会明显出现视觉集中。他们的视线，首先集中在鲜明的、移动的或发亮的物体上，并能逐渐随着光亮的刺激物移动。4个月时，眼睛注视的时间不断延长，距离也不断拉长，视觉集中也逐渐由被动转变为主动。

在颜色方面，3个月大的婴儿能够区分灰色和彩色。4~8个月时，婴儿明显表现出喜欢亮度大的颜色，而不喜欢暗色，喜欢光波较长的“温暖色”（红、橙、黄），而不喜欢光波较短的“冷淡色”（蓝、紫）。

年龄再大一点，婴儿对颜色的掌握就更加细致。研究表明，2~3岁儿童最容易掌握红、黄两色，其次才是绿色和蓝色。平均而言，3岁的儿童能够正确辨别红、黄、蓝、绿4种基本颜色，4岁开始发展细微区别各种色调的明度和饱和度的能力。

在这里需要特别强调的是，儿童能否正确辨认颜色，关键在于是否正确地掌握了颜色的名称。对于深浅不同的颜色，比如粉红、深红、橘红、砖红、大红等，宝贝们是需要知道明确的名称，才能做到精确区分。

听觉、味觉和嗅觉

听觉发生于胎儿中晚期。5~6个月的胎儿已经开始发育听觉系统，这也是我们建议在怀孕的中后期，准爸妈们要多跟宝宝说话的原因。尽管胎儿听不懂语言，但是这种做法可以让胎儿对父母的声音更熟悉，出生后更容易与父母建立信任感和亲密关系。

胎教音乐为胎儿带来的更有可能是对韵律和节奏的感知，而不是对音乐表达的情感的理解。音乐是通往人类潜意识的桥梁，音乐会带着文化的沉淀影响我们的感受，而这些，对于胎儿来说，都无从谈及。有研究发现，在胎儿时期，给胎儿听有节奏感的音乐，宝宝出生后对韵律和节奏的感知会更好。但这并不意味着现在流行的胎教音乐可以承担起

“音乐启蒙”的重任。

新生儿已能辨别甜、咸、苦、酸等不同味道，并且对甜的喜爱胜过咸。1岁以内的婴儿就能精确地区别同一味道的不同浓度，比如，家长如果把奶粉和水的比例搞错了，婴儿一口就能够品得出来。

婴儿具有辨别多种气味和适应气味的能力，出生1周的婴儿已能辨别出母亲的气味；4个月时，已能比较稳定地区别两种不同的气味；大约到了6个月左右，对气味的感受性已经发展得很好。

感觉是宝宝降生后认识世界的重要工具，处于不断成熟和完善的发展过程，受到动作发展和家庭教育的影响。在这个过程中，宝宝逐渐积累经验，对事物特征的分析水平迅速提高，感觉逐渐发展为一种有目的、有方向、有意识的认识活动。这就是知觉。

大小知觉和形状知觉

知觉是对一系列感觉信息的加工过程，用来组织并解释外界客体和事件，比如看到美丽的风景、听到婉转的歌声、闻到咖啡的香气等，都是知觉现象。

知觉和感觉一样，都是刺激物直接作用于感觉器官而产生的，是我们对现实的感性反映。比如，同样是闻到了榴梿的味道，这是一种感觉刺激，但是，有的人觉会得榴梿的香甜美味无法抵挡，有的人会觉得臭气熏天，此时他们的知觉是不同的。知觉比感觉更加抽象，对情绪和行为的影响也更加明显。

对宝宝来讲，大小知觉是最简单的。在1岁以内，他们就已经具有物体形状和大小知觉的恒常性；到了2岁半至3岁，他们就具有判别平面图形的能力，比如三角形、长方形等。

你知道吗？孩子们掌握形状的次序依次是，正方形、三角形、长方形、半圆形、梯形、菱形和平行四边形。一般来说，宝宝在 3 岁左右能辨认圆形、方形和三角形，4 岁时能把两个三角形拼成一个大的三角形，把两个半圆拼成一个圆形，5 岁时能认识椭圆形、菱形、五角形、六角形和圆柱形，并把长方形折成正方形，把正方形折成三角形。

不过，上述的年龄是研究发现的平均年龄，如果家长在宝宝小时候有意识地引导孩子认识不同形状，那么宝宝的形状知觉能力会有所提升，能够更早区分不同的形状。

方位知觉

上下、左右、前后，关于这些方向的知觉和判断都属于方位知觉。那么，对宝宝来说，你知道哪一种最难吗？

揭晓答案：宝宝最难学会的是左右知觉！

3 岁的儿童已能辨别上下方位，4 岁儿童已能辨别前后方位，5 岁开始能以自身为中心辨别左右方位，6 岁儿童已能完全正确地辨别上下前后四个方位，但以自身为中心的左右方位辨别能力还没有发展完善。

著名的儿童认知心理学家皮亚杰也用实验证明了，由于左和右的空间相对性突出，就连七八岁儿童掌握起来，都是比较困难的。

你还记不记得，刚上小学时，每次体育课上练习左右转的时候，总会有小朋友分不清。那就是因为方位知觉对小学低年级的孩子来讲，也是比较难的。

深度知觉

我们把对远近、深浅的知觉称为深度知觉。心理学家埃莉诺·吉布森（Eleanor Gibson）和理查德·沃克（Richard Walk）专门设计了一个十分有名的“视崖装置”实验（如下图），来观察人类是在何时产生深度知觉的。

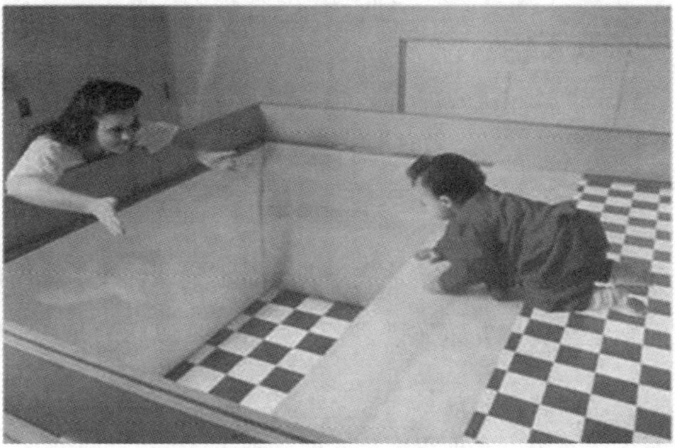

图：一个婴儿爬向视崖的分界线

“视崖”是一个高出地面的玻璃平台，被一块木板从中间分成两个区域。在其中一个区域，一个红白格图案的活动板被直接放在玻璃的下面，称之为“浅”区。而在另一区域，同样图案的活动板被放在玻璃下面相距几英寸的地方，即为“深”区。这种设计在视觉上就会产生不同的“落差”，踩上去会有“一步踩空”的错觉。

研究者将婴儿放在活动板上，让妈妈在对面，并想办法哄婴儿爬过视崖的深、浅两个区域，从而测查婴儿的深度知觉。研究发现：

第一，2个月大的婴儿可以注意到深度差异，但不会害怕。研究人员将2个月的婴儿脸朝下放到视崖的深浅两侧，并记录心率变化。结果发现，婴儿被放到深区时心率会下降，而在浅区则没有变化。心率下降是婴儿对事物感兴趣的表现。这说明宝宝们能够从知觉上区分这种差异，并且有生理反应，但没有感到害怕。

第二，6个月及更大的婴儿已经具备深度知觉，并且对高度表现出害怕。当婴儿能爬行时，就在行为上表现出了“逃避”深的区域的倾向，他们会爬过浅的区域，而不愿意爬过深的区域。在参加实验的 36 个宝宝中，有 27 个宝宝在爬过了浅区后就止步不前，只有 3 个宝宝爬过了“悬崖”，投入到妈妈的怀抱。

时间知觉

对时间流逝的知觉，即使是成年人也做不到像钟表一样精确，但是成人的时间知觉至少比儿童靠谱多了。尽管 2 岁以后的儿童已具有了时间知觉，但其时间知觉若有若无、时隐时现。

一方面，婴儿可以掌握很多表达时间概念的词汇，比如，马上、刚刚、一分钟、今天、昨天、明天、天黑了、天亮了等，并总在强调这方面的词汇。比如，宝宝很喜欢说“我刚刚洗完手”“我今天很不开心”“我睡了 1 分钟”等这样的话，以表示自己有时间概念。

但是另一方面，宝宝们其实对时间的变化漫不经心，表述的时间概念常常与客观事实不符，还经常闹出一些啼笑皆非的段子。比如，宝宝们会说“我刚刚洗完手”，但这可能是 1 个小时之前洗的手；他们表达“我今天很不开心”时，可能自己才在早上刚刚起床；在说“我睡了 1 分钟”时，他们明明已经睡了 3 个小时。

生命固然稚嫩、脆弱，但爸爸妈妈们只要有意识地学习一点儿童发展心理学知识，就能帮助宝宝在人生的“起跑线”上迈出稳稳的第一步。

走进孩子飞速发展的思维

豆豆今年 4 岁，爸爸一直都很在乎他的学习能力，所以豆豆从 2 岁开始就进行各种学习训练，背唐诗，背乘法口诀，背英语单词，每天的任务排得满满的。

一开始，效果似乎还不错，豆豆明显比同龄小朋友口齿清晰，能在众人面前一口气背三四首古诗，豆豆爸也觉得特别有面子，觉得自己的教育特别成功。

可惜，好景不长，当豆豆爸尝试着提升训练难度的时候，问题出现了。豆豆把乘法口诀背得滚瓜烂熟，但是一见到具体的应用题，完全不知道口诀该怎么应用；背唐诗也遇到了麻烦，就像熊瞎子掰玉米，背了新学的，就忘了前面的，一边学一边忘。

豆豆自己很苦闷，对学习也不像原来那样充满热情了，无论爸爸用物质奖励还是精神奖励，都不管用，豆豆一看到练习册和爸爸上课用的小白板，撒腿就跑，厌学情绪非常严重。爸爸也充满挫折感，开始怀疑自己的做法是不是错了。

思维是一个持续发展的过程，一直要到青年期（18~35 岁）才会真正成熟。显然，豆豆爸在培养孩子的过程中，没有了解孩子在不同阶段的思维发展特点，拔苗助长，用力过猛，最后却适得其反。

接下来，我们就来聊聊 3~18 岁孩子的认知发展规律，掌握了规律，才能有的放矢地制定发展目标。

幼儿期的认知发展

进入幼儿期（3~6 岁），孩子们的认知继续发展，首先就是记忆能力提升，记忆容量明显增加，3 岁儿童能够记住 3 个信息单位，6 岁的时候就能记住 6 个信息单位了。

这时候，形象记忆仍占主导地位，但是随着口头言语的发展，语词记忆的发展速度更快，但较多运用的还是机械记忆（不一定理解意思，而是死记硬背）。比如，有的小朋友在幼儿园就可以背诵上百首唐诗，但这其中大部分都属于机械记忆。

不过，一旦孩子们可以理解记忆材料，意义识记的效果会明显优于机械记忆。如何去判断孩子们开始意义记忆了呢？主要有这 3 种行为出现：

第一，儿童能用他比较熟悉的词去代替他不熟悉的词，表现出一种幼稚的但具有概括性的特点。比如，孩子在复述故事时，可能忘记了“王后”这个词的说法，但是会使用“国王的妻子”这种替代词。

第二，在复述故事时，能删去无关紧要的部分，加上一些自己认为合理的细节。

第三，在复述故事时，会在不破坏逻辑关系的范围内对细节做改动。

家长们如果细心观察，发现孩子出现了这些特点，就说明你的孩子已经开始了意义记忆。

5~7 岁的孩子不能主动应用记忆策略，需要成年人的引导。10 岁以后，孩子的记忆策略逐步稳定发展起来，可以主动自觉地使用，此时，最常用的记忆策略是复述和组织。

幼儿期最有趣的，要数幼儿思维的发展。这阶段孩子的思维还是以具体形象性思维为主。儿童认知发展心理学家皮亚杰使用“三山测验”证明了儿童具有“自我中心”的特点，也就是说，他们只能从自我的角度去解释世界，很难想象别人是怎样看待事物的。

举个例子来说，这个年龄段的小朋友在玩“捉迷藏”游戏的时候，经常会把身体的某个部分（脚丫、小屁股等）露在外面，把头脸藏好就觉得自己藏好了。为什么会这样呢？因为他们觉得自己看不到别人，那么别人也就“理所当然”地看不到自己了。这就是自我中心的表现。

再比如说，小朋友自己觉得棒棒糖很好吃，由于认知上“自我中心”的特点，就会觉得所有人都爱吃棒棒糖，孩子就会很执着地把糖送到爸爸妈妈或者喜欢的小朋友嘴里，如果对方拒绝，或者说“我不爱吃”，他们就会觉得很奇怪，甚至会误以为别人是因为不喜欢自己，才不吃这么好吃的棒棒糖。这也是自我中心的表现。

幼儿在概括能力方面还只是初步发展。由于孩子们能概括的内容还比较贫乏，通常认为一个词只代表一个或某些具体事物的特征，而且他们概括的特征很多是外部的、非本质的，概括的内涵也往往不精确，有时过宽，有时又过窄。比如，你问孩子什么样的人是最好的朋友。孩子的回答可能是“穿着漂亮的公主裙、梳着很多小辫子”等外部形象的描述，而少涉及“善良正直、勇敢努力”等内在人格品质的描述。

此外，平均而言，幼儿期的孩子还不能理解和掌握守恒的概念，不管是简单的数量守恒、长度守恒，还是有些复杂的液体守恒、体积守恒，都不是这年龄段的孩子能够理解的。

小学生的思维特点

童年期（6~12 岁）孩子的认知发展进入新的阶段——具体运算阶段。孩子们在认知上多了不少新“本领”。幼儿期认知上的这个“自我中心”特点，在童年期会因为认知能力的发展而消失。同样，幼儿期不能掌握的守恒和类包含等概念，在小学阶段也会逐渐掌握。

具体运算阶段的主要特点是，儿童产生了逻辑思维的能力，但是这种逻辑思维能力仅局限在他们已有的经验范围内。脱离了实际的经验，童年期的孩子还不能运用假设—演绎推理这种抽象的思维方式，来获得对事物内在本质的认识。所以，在小学阶段，儿童的实际经验决定了他们的逻辑思维水平。

在整个童年期，孩子的思维方式会逐渐从具体运算思维过渡到以抽象逻辑思维为主、仍带有很多具体形象思维的阶段。这个思维过渡的关键期出现在小学四年级，大约在10~11岁之间，爸爸妈妈需要特别予以关注。

比如，可以结合生活中的情景，先把日常语言（西瓜比苹果大）抽象成数学语言（数量关系式，西瓜 > 苹果），进而转化成符号语言（方程式，X>Y），促进抽象逻辑思维的形成。再比如，引导孩子掌握“鸡兔同笼”这种趣味数学题的解题方法，将思维从具体事物（鸡和兔子的形象）上牵引到想象中的逻辑关系（腿和头的数量对应关系）上。不仅如此，在这段时间前后（9~12岁左右），孩子的辩证思维开始萌芽，他们开始能够从正反两方面辩证地分析事情。也就是说，这时孩子可以看到好的一面，也能够看到不足之处，不管是看待自己，还是评价他人或事物。

青少年的认知特点

青少年（12~18岁）认知结构的各种要素趋于成熟，认知活动的目的性显著提高，认知系统的自我评价和自我控制能力明显增强，智力上的个体差异也基本定型。在青少年心理活动中，认知、情意和个性相互作用并协同发展，使得个体心理活动的整体水平得以提升。

尽管在人生当中，记忆力的高峰出现于“青春期”，此时的记忆能力最为出色，但是，在思维整体上，青少年仍然没有达到成年人的水平。

少年期（12~15岁，主要处于初中阶段）依然处于形式运算阶段，主要特点是思维具有抽象逻辑性。这个阶段的孩子已经可以运用假设、逻辑推理和逻辑法则。同时，在思维品质方面出现矛盾性发展特点，比如，思维的批判性和创造性日益增加，同时思维的片面性和表面性依然明显，所以，他们对问题的看法还是常常只顾部分、忽视整体，只顾现象、忽视本质。

思维的“自我中心”也再度出现，此时的“自我中心”与幼儿期截然不同。幼儿期的“自我中心”，是因为思维能力发展水平较低，认知发展不具备“站在别人角度思考问题”的能力。但是少年期的“自我中心”是青春发育时独特的思维特点，觉得自己是独一无二的（独特的自我），同时觉得自己被很多人关注（假想的观众）。

所以，我们经常听到这个阶段的孩子对父母说，“你怎么就不能理解一下我的想法呢？”但是，却很少听到他们想去了解父母的想法，这也是自我中心的一种表现。那就是高度关注自我，关注“我”的情绪情感变化。

进入青年早期（15~18岁）后，抽象逻辑思维进入成熟期。抽象逻辑思维包括形式逻辑思维和辩证逻辑思维这两种形式。其中，形式逻辑思维的发展更为完善、占主导地位，一直到青年晚期（35岁之前），辩证逻辑思维才会超越形式逻辑思维，发展为主要的思维形态。

具体来说，15岁左右（初中三年级）是一个重要的转折期，辩证逻辑思维处于迅速发展阶段，而到了高二，推理能力已基本成熟，孩子的认知思维水平基本完成了由经验水平向理论水平的转化。

想象力是智力活动的翅膀，能为逻辑思维的飞跃提供强劲的推动力。孩子发挥想象的关键在于随时随地的启发。他们的回答可能千奇百怪，我们需要做的就是积极鼓励。

认知训练从小开始

俗话说得好，万丈高楼平地起。要想孩子成年后具有出色的认知能力，包括记忆力、想象力、思维力等，就需要从小开始对孩子有针对性的认知训练。

良好的认知能力，建立在对客观世界的感觉和知觉基础上，对孩子的终生影响深远。而对0~3岁的婴儿开始进行训练，效果最为明显。为此，我们提出以下11点建议给爸爸妈妈们：

1. **从保护宝宝的感觉器官开始**。大脑所获得的信息，有80%~90%是通过视觉、听觉输入大脑的。因此，训练孩子的认知能力，要从保护感觉器官开始，尤其以眼睛的保护最为重要。在各类电子产品和噪音无处不在的今天，爸妈们要有意识地让婴儿远离危害源，保护感觉器官的健康发育。

2. **展开早期感觉训练**。敏锐的感觉可以提升观察的细致水平，建议从小就对婴儿进行感觉训练，比如教会孩子识别颜色、辨认形状、说出方位等，同时这也是思维和言语的训练。

3. **提升宝宝的观察力**。多带宝宝接触大自然，引导宝宝主动观察，比如这种花是什么颜色，两片树叶有什么不同等，并对宝宝的观察结果给予积极反馈，及时表扬。引导宝宝观察的时候，家长可以用语言引导这种观察顺序，比如从上到下、从左到右、从外到内等。一段时间之后，宝宝就可以自己进行有序观察。

4. **培养宝宝观察的多感官化**。带领宝宝打开视觉、听觉、嗅觉等多个感觉通道，从多个方面获取信息，了解事物的多种特征。比如一个新玩具，可以让宝宝用眼睛判断颜色、形状，也可以摇晃一下玩具，听听有什么声音，还可以洗干净后啃一啃，用味觉和触觉来感受玩具的软硬和弹性。

5. **提升宝宝的记忆力**。记忆力通常与三点有关：情绪、韵律和理解。引导孩子将记忆和情绪相关联，唤起记忆内容的情绪色彩，比如背诵一首诗歌时，可以一边与孩子开心地玩儿，一边一起吟诵，合着诗歌的韵律拍打着节奏，这样孩子会把对诗歌的记忆，以及与爸爸妈妈相处的特别开心的时光，通过情绪记忆和动作记忆紧紧地、深深地联系起来。还可以适时以宝宝能理解的语言和事物，解释一下吟诵的内容，以增强孩子对记忆内容的兴趣，加深对记忆内容的感知和理解程度，以此启动意义记忆。这些策略都有助于提升孩子的记忆能力。

6. **培养宝宝的动手能力和数学能力**。2 岁左右的婴儿已经开始从动作思维过渡到具体形象思维，但是思维仍然离不开动作和表象。三四岁是剪、贴、涂等动手活动的敏感期，也是数概念快速发展的时期。著名心理学家皮亚杰和美国心理学家布鲁纳都认为，抓住这一时机训练孩子的动手操作能力，学会使用数学这一思考工具，能大大促进认知的发展。

7. **丰富孩子的视野**。如果孩子的自主阅读能力有限，家长可以陪伴孩子，一起阅读一些通俗易懂的绘本、故事书和科普读物，经常和孩子一起讨论，活跃孩子的思维，丰富孩子的视野。

8. **利用想象力打开思路**。想象力是智力活动的翅膀，它能为逻辑思维的飞跃提供强劲的推动力。其实，要孩子发挥想象并不难，关键在于随时随地的启发。比如，当看到小汽车圆圆的轮子时，可以让孩子想象一下，圆的轮子还可以用在什么地方。孩子们的回答可能千奇百怪，在这个时候，千万不能嘲笑孩子的创意，打击他们的积极性，我们所需要做的就是给予孩子积极的鼓励。

9. **培养孩子独立思考的习惯**。独立思考能力是逻辑思维能力发展的关键。有的孩子遇到各种疑难问题，总希望家长给他答案，而有的孩子还处在自己思考的过程时，有些家长就迫不及待地把答案告诉孩子了。从长远来说，这种做法对发展孩子智力没有好处。因为经常这样做，就会养成孩子依赖的习惯，而不会自己主动去寻找答案，不可能锻炼出独立思考的能力。当孩子自己得出答案时，他会充满自豪和成就感，从而产生新的动力。

10. **让孩子经常处在问题情景之中**。问题的解决过程就是一个逻辑思维的训练过程，经常面对问题，大脑就会积极活动，从而有效地训练逻辑思维能力。年幼的孩子总会提出各种稀奇古怪的问题。其实，当孩子提各种各样的问题的时候，家长可以跟孩子一起讨论这些问题。如果遇到自己也弄不懂的，可以通过请教他人、查阅资料、反复思考获得问题的答案，这个过程其实可以给孩子提供很好的榜样，引导孩子遇到问题时积极主动地寻找答案，这也最能提高孩子的思维能力。

11. **培养孩子广泛的兴趣**。孩子的思维活动很容易受到兴趣的支配。广泛的兴趣爱好是逻辑思维能力的来源之一，只有拥有广泛的兴趣爱好的孩子，才会引发对更多的事物思考。因此，在指导孩子进行思维活动时，可以激发孩子对事物的兴趣，也可以根据孩子的兴趣提出问题，引发他们的思考。

认知能力的重要性不言而喻。其实，上面列出的各种培养孩子思维能力的方法，并非深奥的理论，也不是难以实践的“高招”。我相信，只要你是一个有心人，在日常生活的细节中注意利用各种时机，就一定能够有效地提升孩子的认知能力。

人格塑造，从天生“气质”开始

你觉得自己家的孩子容易带吗？情绪稳定吗？哭起来容易哄好，还是哭着停不下来？吃饭挑食吗？睡觉有规律吗？这些问题的答案，其实都与孩子的“气质”有关。

此“气质”非彼“气质”

心理学家认为，气质指的是每个人与生俱来的、相对稳定的人格特质。所以，这跟平时咱们夸奖别人你穿这件衣服真有“气质”，其实是两个截然不同的概念。

既然是与生俱来的，那么气质首先就会影响刚刚出生的宝宝的生理、心理、情绪以及行为表现。严格地说，在婴儿的各种个性心理特征中，气质是最早出现的，也是变化最为缓慢的。所以我们会看到，同一对夫妻的几个孩子，脾气秉性各不相同，中国民间也有“龙生九子各不同”的说法，即使是长得很像的双胞胎（同卵双生），在脾气秉性上也有差异。

随着年龄的增长，气质本身也在发生着一定的变化。发生变化主要是因为，婴儿的神经系统和心理活动都处在不断发展变化的过程中，具有较强的可塑性，后天环境与教育也会影响气质。

自家孩子是哪种气质?

美国心理学家巴斯（Buss）根据宝宝的活动特性，把气质分成4种类型：

第一类：活动型

这类孩子总是忙于探索外在世界和做一些大肌肉运动，喜欢玩运动性游戏，比如跑跑跳跳之类的。有些婴儿会显得很霸道，常与人争吵，而另一些婴儿则没有那么强的攻击性，喜欢玩一些富有刺激性、启发性的活动，比如爬树。

活动型婴儿更易被成人限制和干预。上小学的时候，他们表现为坐不住、爱活动，而到了青年期，则表现出精力充沛、活动能力强、有事业心、竞争心强等特点。

第二类：冲动型

这类孩子的突出表现是，情绪和行为不稳定，变化很多，冲动性强。在各种场合或游戏活动中，他们很容易冲动，不太会控制自己的情绪和行为，反应的产生、转换和消失都很快。有时老人说，“六月天，孩子脸，说变就变”，指的就是这种气质类型。

比如，两个小朋友在一起玩耍，上一分钟还有说有笑，下一秒钟说吵架就吵架、说哭就哭，没过两分钟，他们自己又和好了，开心地笑得很大声。

第三类：情绪型

这类婴儿经常流露出悲伤、恐惧或愤怒的反应。与其他婴儿相比，他们对讨厌的东西反应很强烈，而且不太容易安抚下来。比如，被一个陌生人抱，婴儿一般都会本能地不安，但是有的在一两分钟内情绪就能恢复平静，而这种气质类型宝宝的不安情绪会持续好几分钟甚至十几分钟。

其中，有一部分情绪性婴儿的主导情绪是“恐惧”，称为“恐惧主导型”。生活中，有的家长说自己孩子胆子特别小，怕黑，怕暗，怕吵，怕一个人待着，总之就是各种“怕”，这其实是恐惧主导型的气质。

而另一部分婴儿的主导情绪是“愤怒”，称为“愤怒主导型”。他们的表现主要是对抗，与成年人、与同龄伙伴对抗，一不顺心就大发脾气，摔东西，打人或伤害自己。如果婴儿经常出现这样的行为，父母就要警觉，有可能是愤怒主导型的气质类型。

第四类：社交型

这类婴儿特别愿意与不同的人接触，不愿自己独处，在社会交往中反应积极。而且比较有意思的是，不管是家庭成员，还是不认识的陌生人，这类婴儿都有着强烈的交往意愿和积极的交往行为。

在表现上，这类孩子就是“人来疯”“话篓子”。他们这种强烈的社交要求常会受到挫折或伤害，很多时候，他们的社会交往行为会被父母视为不妥当的，进而阻止。

看完了上面的四种类型的描述，你家的孩子是哪一种类型的呢？如果两种类型的行为表现都兼而有之，那么，我们就根据宝宝的主导表现来进行判断。

一定会有爸爸妈妈们问，这几种气质类型，到底好不好啊？哪一种是有问题的？其实，作为与生俱来的脾气秉性，气质本无好坏之分。

为了研究考虑，心理学家们把气质划分为不同的类型。孩子们因为先天气质不同，有的脾气暴躁，有的文静温和，但是，就像人格一样，不同类型的气质没有优劣之分。

气质的类型，也不决定人的社会价值与成就水平。所以，爸爸妈妈们请放心，相对于抚养容易型气质的孩子来说，即使你的孩子是抚养困难型的，也不会因此影响他未来的成就水平。

气质是先天禀赋，是人格形成的原始材料之一。在人格的形成的过程中，既有先天气质的影响，也有后天社会环境的作用，而后者起着决定性的作用。但是，气质以独特的方式影响着父母对待孩子的方式。

养孩子，要分气质类型

如果你是一个沉静的人，你会发现与抚养困难型婴儿更难互相适应。同样，如果你是个充满精力的人，面对一个安静的不活泼的婴儿，你也会感觉受挫。

换言之，当婴儿气质与父母的风格和愿望一致时，这种适应就是相对容易的。相反，当一个家庭希望有一个安静、易抚养的婴儿，但实际上却生了一个易怒、难抚养的婴儿时，养育者和孩子之间的相互适应就会更加困难。

难相处的气质类型并不总是难适应，同样，容易相处的气质类型也并不总是容易适应。不同的喂养方式会加强或减弱婴儿变得难相处的趋势。因此，即使是别人眼中所谓“容易相处”的婴儿，照看起来也会有麻烦。

在此，我们建议使用拟合优化模式来养育孩子。所谓“拟合优化模式”，就是优化教育环境，使用与宝宝先天气质相匹配的养育方式，促进宝宝的积极发展。

比如，对于活动型的孩子，父母就要在亲子活动时多设计一些大肌肉游戏，陪伴孩子在玩闹游戏中成长。

对于冲动型的孩子，最主要的问题的是，他们不能很好地控制自己的情绪和行为，所以父母就需要引导孩子接纳并正确处理自己的情绪，延迟发脾气时间，化解过激情绪。

对于情绪型的孩子，如果是“恐惧主导型”，就要父母更细腻地呵护和陪伴，并运用一些技巧鼓励孩子大胆主动一点；如果是“愤怒主导

气质是每一个孩子与生俱来的、与众不同的个性特点，我们应该也必须予以尊重。我们要思考，如何使自己的人格、感觉和行为反应更适合婴儿的气质，进而对整个家庭的养育做出调整，为孩子独立人格的形成创造更好的环境。

型”，就要帮助孩子面对自己的愤怒，找到情绪的源头，不用愤怒去表达自己的需求。

对于社交型的孩子，父母要理解孩子愿意跟别人交流，是一种本能的需求，所以要减少阻止的频率，或者改变阻止的方式，不使用呵斥、责备等伤害孩子自尊的表达方式。

助力孩子修炼气质

父母要认识到，气质是每一个孩子与生俱来的、与众不同的个性特点，应该也必须予以尊重。同时，作为父母，我们也要思考，如何使自己的人格、感觉和行为反应更适合婴儿的气质，进而对整个家庭的教养模式做出调整，为孩子独立人格的形成创造更好的环境。

具体建议如下：

第一，尽量建立权威型的抚养方式。父母对孩子有威望，但并不专断，也不放纵，允许儿童在相当限度内独立自由地活动。

第二，父母从婴儿出生开始，就与他们建立安全型依恋关系。与孩子之间的亲密关系和情感联系，是父母影响孩子的重要前提。具体请见本章《母婴依恋，生命最初的纽带》这篇文章。

第三，倾听孩子的观点，以孩子能理解的方式解释对他们的要求。尽量避免强迫和模糊不清的要求，避免只靠父母的权力做决定。通过引导儿童注意他的行为对他人造成的后果，让儿童体会到自我控制的意义。

第四，对孩子的行为提出适合其年龄的明确而恰当的要求，引导孩子共同订立某方面的行为目标，并坚持执行。比如，父母与孩子在每天晚上洗漱和入睡时间这个问题上，通常有无穷无尽的拉锯战，要通过不断地调整，引导孩子自己意识到早洗、早睡、早起和晚睡、晚起这些不同行为的自然后果，与孩子共同商议晚上洗漱和入睡的明确时间，订立行为目标，并坚持执行。

在父母的引导下，当孩子能够实现自己的行为目标时，孩子的生活将变得逐渐井然有序起来，他们可以在一定程度上预测日常事件和周围环境的发展变化。这有助于发展孩子对环境的控制感，从而促进孩子自尊和自信的发展。

第五，允许儿童积极主动地担负起与其年龄相匹配的责任。比如，让孩子参与家庭决策，共同完成家务劳动，是个不错的训练方法。

第六，促进儿童自我价值感的发展。比如，尽量让孩子解决他们自己的问题，设计一些能促使孩子感受到成功或成就感的情境，挖掘他们的优点和特长，引导他们积极地看待自己，把自己看作能影响周围人和事的、有价值的、有能力的人。这需要父母与孩子之间建立一种相互积极看待、积极反应、相互尊重的关系。

农民种地，讲究“因地制宜”，不同的土地要用不同的种植方式。养孩子也是如此，气质类型虽然不影响未来的成就，但可以影响孩子的人格养成，所以也要用拟合优化模式，选择与孩子气质一致的方式来营造育儿环境。

与你的伴侣探讨一下，自己孩子是哪种气质类型，再来反思一下，你们的养育方式还有没有可以改进的地方。让孩子成为你们学习心理学的第一受益者！

如何做理想父母——权威型教养父母？

1978年，美国的心理学家鲍姆林德提出了家庭教养方式的两个维度，即“情感联系”和“行为控制”。将这两个维度作不同组合，就产生了四种不同的家庭教养方式，进而培养出四种不同性格的孩子。

四种家庭教养方式

第一种：权威型教养方式

这是一种高度关注孩子的情感和行为、理性且民主的教养方式。权威型的父母理解孩子的行为，以积极肯定的态度对待儿童，及时热情地对儿童的情感需要和行为做出反应，尊重并鼓励儿童表达自己的意见和观点。同时父母对儿童也有较高且明确的要求，奖惩分明，在孩子心目中具有权威。

这种高行为关注、在情感上偏于接纳和温和的教养方式，对儿童的心理发展有许多积极的影响。儿童期的孩子如果心情愉悦，具有明显的幸福感和高自尊，自我控制能力也较好，他们在青少年期也将具有较高的学业成就和较好的道德成熟性。

第二种：专制型教养方式

这种教养方式的父母要求孩子绝对地服从自己，希望子女按照设计蓝图去成长，对孩子的所有行为都加以保护和监督。这类属于高控制型教养方式，但在情感方面，父母很少考虑儿童自身的要求与意愿，孩子感受到的通常是父母的冷漠和忽视。他们对儿童违反规则的行为表示愤怒，甚至采取严厉的惩罚措施，通常“罚”多于“奖”。

这种教养方式下的儿童常常表现出焦虑、退缩和不快乐。他们在与同伴交往中遇到挫折时，更易产生敌对反应。在青少年时期，在专制型教养方式下成长的儿童，自我调节能力和适应性都比较差，但有时他们在校的学习表现比溺爱型和忽视型家庭的学生好，而且在校期间的反社会行为也较少，这与他们习惯性的遵守外部行为规则有关。

第三种：溺爱型教养方式

这类父母和权威型父母一样，对儿童抱以积极肯定的情感，但缺乏行为要求。父母放任儿童自己做决定，即使他们还不具有这种能力。比如，任由儿童自己安排饮食起居，纵容儿童贪玩、看电视，很少要求孩子做家务或学习良好的行为举止，对儿童违反规则的行为，也采取忽视或全盘接受的态度，很少发怒训斥儿童。

这样教养方式下的儿童大多很不成熟，既苛求又依赖成人，往往具有较强的攻击性，缺乏责任感和毅力，合作性差，很少为别人考虑，而且自信心不足。到青少年期时，这类儿童的自我控制力能力会较差，在校更易产生不良行为。

第四种：忽视型教养方式

这类父母对孩子既缺乏爱的情感和积极反应，又缺少行为方面的要求和控制，亲子间的互动很少。他们对孩子缺乏最基本的关注，对行为缺乏反馈，且容易流露出厌烦和不愿搭理的态度。

如果孩子提出诸如物质方面易于满足的要求，父母可能对此做出应答；然而对那些需要耗费父母大量时间和精力的事情，父母很少去亲自完成，宁愿花钱请人来解决。

很多家长觉得，只有那些留守儿童的父母才算忽视型，我天天跟孩子生活在同一个屋檐下，朝夕相处，怎么可能是忽视型？

事实却会让你大吃一惊，我们做过一个超过800名学生样本的调查。结果显示，有高达38%的孩子认为自己的父母是忽视型（认为父母是专制型的高达42%），而这些孩子承认与父母每天都会见面说话。

忽视型教养方式下的儿童与放纵型教养方式下的儿童一样，具有较强攻击性，很少替别人考虑，对人缺乏热情与关心。在儿童期，他们普遍在依赖、认知、游戏、情绪和社会性方面发展不足，易出现攻击性行为。在青少年期，这类孩子的自我控制差，伴随着在学校的不良表现。

交叉教养更复杂

可能你并不总是采用单一的养育方式，因为我们会受到自身情绪波动影响。比如，我们想要成为一个权威型的父母，也为此付诸努力，可是工作一忙起来，就顾不上孩子了，某天你成了忽视型家长。某天，你因为被上司批评，被同事陷害，遭遇经济紧张，夫妻吵架，你一不留神迁怒了孩子，在那一时刻变成了专制型家长，你怒火冲天，选择以对抗的方式与孩子死磕到底；然后，你后悔了，感觉孩子遭受了无妄之灾，愧疚之下，你又对孩子有求必应，你又变成一位溺爱型家长。

有可能，在你的家庭中，每个成年人对孩子的教养方式都不一样，这样问题变得更复杂了。比如，为了孩子的身心健康，你读了很多书，参加了很多课程，立誓要做一个权威型家长，可是你的配偶是个工作狂人，“空中飞人”，一忙起来恐怕十天半个月都与孩子说不上话，那你的配偶就是忽视型家长。爷爷、奶奶，或姥姥、姥爷，那是“隔辈亲”，对孩子的各种宠溺可能让你不忍直视，又劝说无效。由此，你的孩子面对的是复杂多变、因人而异的养育环境。

还有可能，你自己在某种家庭养育方式中长大，自认深受其害，发誓要反其道而行之，却发现事情没那么简单。有的家长就从一个极端走向了另一个极端，比如在专制家庭长大的人在为人父母后，使劲儿溺爱自己的孩子，以弥补自己童年的缺憾；也有的家长虽然不喜欢自己的原生家庭抚养方式，却还是不自觉地沿袭着父母当年对待自己的方式来对待自己的孩子。

权威型教养方式的理念

家庭养育方式虽然主要有四种类型，但由此衍生出的交叉养育方式却各不相同。权威型父母更容易建立并维持良好的亲子关系，这也是我们为人父母的努力方向。具体该如何做呢？我们分享一些权威型教养方式的理念，供大家参考。

第一，端正态度，从望子成龙转变为望子成人。进入 21 世纪，家长们关注的焦点正在发生改变，其首要任务是让孩子成为一个“身心健康的人”，这比什么都重要。怎样才算“健康”呢？

新健康理念是，让孩子拥有健康的身体和心理，能正确地评估自己和看待他人，有稳定的情绪和适宜的表达方式，有是非观、正义感和责任感，有正常的亲情、友情和爱情的情感表达。这些内容是孩子的核心方面，而不是以成绩论英雄。

第二，科学观察，遵循孩子身心发展的客观规律。个体一生的心理发展速度快慢不匀，快速时如狂风骤雨，就像驾驶着一辆时速 120 公里的汽车，稍有不慎，就会差之毫厘、失之千里；慢速时，如老牛拉车，某个心理问题可能潜伏几年，甚至十几年，才会爆发出来。

人生只有两个快速发展期，一个是 0~6 岁的婴幼儿期，另一个就是青春期。只有遵循孩子的身心发展规律，才能了解孩子内心世界的点点滴滴，才能在孩子需要的时候提供贴心的情感支持和指导，成为孩子们最温暖和最坚定的后盾。

第三，增加亲密，夯实亲子关系的基础。在安全型依恋关系下长大的儿童，自尊自信，可以与他人建立信任、持久的良好人际关系，具备与他人分享感受的能力，善于获得社会支持。相反，亲密感缺失的人，不知道如何与人建立亲密关系，成年后也不知道如何去维系亲密关系，会在亲子关系、交友、恋爱、婚姻中遇到一系列问题，并遭遇心理危机。因此，权威型父母会高度关注安全型亲密关系的建立，具体方法可以参见本章《母婴依恋，生命最初的纽带》这篇文章。

第四，尊重个性，培养多元的兴趣爱好。孩子的兴趣是与生俱来的，不同的兴趣爱好会给孩子带来不同的成长，父母们不应以世俗的眼光去评判一种爱好是否具有保留的价值。比如，学习数学的过程，不是为了奥数加分，而是让孩子收获学习的方法和乐趣。在追逐自己兴趣的过程中，孩子若能做到对自己的“不知道”不感到沮丧，对自己的“想知道”有实际行动，对自己的“能知道”有自信，就是一种心理的成长。

第五，注重孩子情商和逆商的培养。惠普、波音、联邦快递等世界500强公司都不约而同地认为：智商（IQ）决定一个人是否被录用，是“敲门砖”；情商（EQ）决定了这个人是否可以提升，是“升降梯”；而逆商（AQ）则决定了此人是否值得长期使用并给予更高职务，是“舞台”。所以，一个人达到人生顶峰的决定因素是情商（EQ）和逆商（AQ）。

第六，不焦虑、不躁狂，做个温和而坚定的养育者。在育儿过程中，很多家长表示，难以把握“民主”和“溺爱”之间的分寸感。这时候，请牢记“温和而坚定”这几个字，“坚定”指的是态度，也就是在底线问题上坚持立场，哪怕孩子撒泼打滚、哭闹不休，也要坚持原则毫不动摇，但同时做到情绪“温和”，不要用自己的暴躁脾气、言语威胁来改变孩子的言行，这属于短暂效果，无法持久。

只有把“坚定”和“温和”搭配使用，才是符合儿童心理需要的做法，能够大大降低儿童的抵抗性，减少亲子冲突激烈程度，减少行为问题与发展障碍，同时促进孩子的情绪向着健康积极的方向发展。

作为母亲，我经常用上面的内容警醒自己，不要在日常的琐碎小事中迷失了教育的航向。

做一个学习型的父母，做到权威型教养，可能是我们能够送给孩子的最佳礼物。还等什么呢？一起努力吧！至少我们有了前进的方向。

最佳教育期，真的存在吗？

前苏联卓越的心理学家维果茨基，被誉为“心理学中的莫扎特”。他曾说过：“良好的教学应该走在发展的前面，并引导发展。”于是，有的教育者就引申出另一层含义，认为教育应该早一点开始，万一错过了，就后悔莫及，再加上一句“不要让孩子输在起跑线上”紧箍咒，令很多家长焦虑不安。

我就经常遇到身边朋友满脸担心地问：到底有没有最佳教育期啊？如果有的话，什么时候？我家孩子还来得及吗？

在回答这些问题之前，我想先给大家介绍一个著名的心理学实验，名字叫“双生子爬梯实验”，由美国心理学家格赛尔（Gesell）主持完成，研究的是双生子（即双胞胎）在不同时间学习爬楼梯的过程和结果。希望这个实验可以给大家一些启发。

双生子爬梯实验的启示

研究人员让一对同卵双胞胎（可以认为在遗传上没有显著差异）练习爬楼梯，他们的身高、体重和健康状况都一样。其中一个A宝宝在他出生后的第46周（11.5个月）开始练习。他刚学会站立，或者仅会摇摇晃晃、勉勉强强地走，每天练习10分钟，中间经历了许多次跌倒、哭闹和爬起的过程。终于，艰苦训练了8周后，也就是到了孩子54周（1岁1.5个月）的时候，他终于能够自己独立爬楼梯了。

双胞胎中的另一个B宝宝，基础情况跟哥哥完全一样，不过研究人员是在他出生后的第53周（1岁1个月左右）开始让他练习爬楼梯。这时，这位宝宝基本能比较稳定地走路，腿部肌肉力量也比哥哥刚开始练的时候更加有力。结果，同样的训练强度和内容，他只用了两周就能独立地爬楼梯了。

所以，兄弟两个都练习到他们满54周的时候学会了这项技能。那么，这两个小孩哪个爬楼梯的水平高一些呢？大多数人都认为，应该是练习时间更久的A宝宝比只练了2周的B宝宝好。

但是，实验结果出人意料：只练了两周的B宝宝爬楼梯的水平比练了8周的A宝宝还要好！B宝宝在10秒钟内爬上了特制的五级楼梯最高层，而A宝宝则需要20秒钟才能完成。

为什么同样的遗传基因、练的又少又晚的B宝宝竟然表现得更好呢？格赛尔的解释是：儿童发展是一个顺序过程，这个过程由生理成熟预先决定，受到遗传因素控制。

也就是说，从46周开始练习爬楼梯，孩子的生理发育还没有做好准备，所以训练只能是"事倍功半"；而53周开始练习爬楼梯，这个时间就非常恰当，孩子生理上已经成熟，所以就能达到"事半功倍"的练习效果。

这个实验给我们的启示是：教育要尊重孩子的实际发展水平，在孩子生理和心理发展尚未成熟之前，要耐心地等待，不要违背孩子发展的"内在时间表"，人为地通过训练加速孩子的发展。焦虑的父母，容易在不经意间，对孩子做出"拔苗助长"的事情。

最佳教育期，存在吗?

主持实验的格赛尔原来认为，或许这只是个偶然现象。于是，他换了另一对双生子，实验结果依旧类似；又换了一对，仍然如此。反复地做了上百个对比试验，最终得出的结果是相同的——即孩子在 52 周左右学习爬楼梯的效果最佳，能够用最短的时间达到最佳的训练效果。

随后几年，格赛尔又对其他年龄段孩子在其他学习领域进行实验，比如，识字、穿衣、使用刀叉，甚至将实验领域扩展到成人的学习过程，都得出了类似结论，即针对某个特定受训对象的任何一项训练或教育内容，都存在一个“最佳教育期”！

比如，从记忆策略形成的过程来说，心理学家约翰·弗拉维尔（John Flavell）发现：孩子们在 0~5 岁的时候是没有记忆策略的，通常是死记硬背的机械记忆；在 5~7 岁之间，他们不能主动应用记忆策略，需要家长和老师的指导；而到了 10 岁以后，他们开始主动地、自觉地采用记忆策略。所以，对孩子进行记忆策略的指导，在 5~7 岁这个时间段最有效果。

写给“着急”的父母们

可见，符合儿童生理和心理发展规律的教育时机，就是“最佳教育期”！但是其前提是，我们要充分掌握并合理运用儿童身心发展规律。在这里，有几条相关建议，供各位父母们参考。

第一，要尊重孩子的身心发展规律。比如，“三翻、六坐、八爬、十立、周走”，说的就是孩子的客观发展规律。平均而言，宝宝们在 3 个月会翻身，6 个月会坐，8 个月能爬，10 个月能站立，12 个月左右可以行走。我们对孩子的动作发展训练可以以此为依据展开。

符合儿童生理和心理发展规律的教育时机，就是“最佳教育期”！

但是，现实中，有些父母太“心急”了。比如训练刚满月的宝宝翻身，使用学步车让孩子不经过爬就直接学走路。看起来，孩子“跨越式”发展了，可是不当的训练不仅会造成事倍功半的效果，还会影响宝宝的腿骨发育，造成日后走路不稳，可能“丢了西瓜捡芝麻”。

第二，以游戏化、个性化教学为主，不功利地限制兴趣爱好。比如，3~6 岁的孩子正处在“游戏期”，教育以游戏为主，在游戏中发展感官、激发心智、培养社交能力。大人眼里的“玩”，就是这个阶段孩子的学习方式。对于越小的孩子，越应采取个性化教学，教学方式越不正式越好。

可是，不少家长却认为游戏是在浪费孩子的时间，提前教导孩子学习知识（如读、写、算）或才艺（如绘画、弹琴、舞蹈），却限制孩子发展陶艺、手工等“没啥用处”的兴趣爱好。

以做手工为例，孩子在制作过程中会学习使用剪刀、画笔等工具，在裁剪、粘贴、穿针引线的过程中，他们的手部精细动作、手眼协调力和专注力都得到了锻炼。同时，他们还接触了不同的材料，认识了各种形状，学习颜色搭配和有计划地完成作品，心理层面感受到挑战并体验到成就感。这就是小小手工的大大用途！

第三，不同学习内容的关键期各不相同。在这里，并不是说学习知识和才艺不重要，而是孩子们学习这些内容存在不同的关键期。比如，3~6 岁是语言敏感期，这个时候开始学习第二语言会有事半功倍的效果。比如，3 岁半之前，孩子的手部力量和协调性还没有发育成熟，所以一般在 3 岁 8 个月以后开始学习演奏类乐器较好。再比如，逻辑思维和色彩的敏感期在 3~4 岁，这个时候开始数学训练和绘画培养正是好时机。

第四，重视孩子的心理健康，不以成败论英雄。在临床咨询中，我不止一次地发现，被父母“提前教育”“加速成长”的孩子，心理健康会大受影响。一些父母把幼龄孩子置于“不成功就失败”“超过别人才有价值”的巨大压力下，孩子出现了遇事退缩、性格懦弱，或者脾气暴躁、攻击性强等不良个性特点。

美国幼儿教育专家莉莉安·凯茨（Lilian Katz）认为，幼儿教育应教给孩子四方面内容：知识、技能、品质和情感。我从不担心中国家长对前面两项内容的重视，但担心他们会不自主地忽视后面两项存在。

品质，是孩子表现出来的综合气质和性格特征，比如好奇心、学习欲、善良友好、毅力、勇于接受挑战、合作、创新能力、幽默感等。品质无法通过直接训练或书本学习得来，围绕在孩子周围的人展现出了什么品质，孩子就会在耳濡目染下自然习得。周围人面对困难时，是退缩、抱怨，还是迎难而上，处理冲突时，是大吼大叫，还是冷静协商，与人相处时，是自私索取，还是为别人考虑，孩子都会潜移默化地吸收。所以，如果父母们希望孩子形成你理想中的性格和品质，那就需要从自身重新成长和修炼开始。当孩子展现出某一品质时，我们用眼睛赞许，用语言和心去认可和欣赏，这样，优秀的品质就会得到不断地强化。

在情感方面，很多情感是天生的，但也有很多是后天形成的，比如安全感、归属感、自信心、自我效能感、焦虑不安等；对学校、老师和对学习本身的情感，以及与其他小朋友的情感和友谊也是后天形成的。

让孩子学习知识和技能本身是值得提倡的，但重点是采取的教学方式是否符合孩子的学习特点。总体来说，相对知识和技能，品质和情感对孩子将来的发展影响更为长远。

希望父母们都能抓住“最佳教育期”，为孩子打造一个健康有趣、卓有成效的金色童年！

孩子的成长需要“父母的爱情”

美国著名“家庭治疗大师”萨提亚认为，一个人和他的原生家庭有着千丝万缕的联系，而这种联系有可能影响他的一生。

六种夫妻关系

孩子与父母同处一个屋檐下，夫妻关系的好坏与否，会很大程度影响孩子的心理成长和性格养成。在这里想与大家分享的是，6 种不同的夫妻关系对孩子性格的不同影响。

第一种：夫妻恩爱融洽，孩子性格健康开朗

生活在关系和谐的家庭中，孩子通常充满了安全感，家庭亲密感较高，他们的性格会更加平和开朗，不容易使用语言或肢体暴力，富有同情心，乐于和别人分享良好感受，乐于表达自己的情感，并关注别人的情感。

由于父母关系很好，孩子也会对婚姻产生美好的感觉和向往，长大以后大多能有健康的异性恋。比如，你的孩子有没有在四五岁的时候表示，长大后要娶同班的小女孩，或者长大后要嫁给班车上的小男孩，说这些话的时候，他们满脸期待。

父母为他们树立了良好的榜样，所以他们从小就开始期待婚姻关系的出现，并认为人与人之间表达美好情感是一件再自然不过的事情。

第二种：爸妈情感淡薄，孩子任性自私

在多年咨询中，我经常会遇到这种情况，一段婚姻已经名存实亡，可是夫妻两人会为了“保护孩子”而勉强维系家庭的表象。在日常生活中，夫妻情感淡薄，彼此缺少关心，两个人都避免进行情感交流，而是通过孩子进行交流或维持家庭功能，也就是常说的“以孩子为中心”“用孩子掩盖问题”，见面谈的全是孩子如何如何。

在这种家庭中，孩子被过多关注或干涉，所以性格会变得任性自私，以自我为中心，因为他习惯了家里的大人所有的话题都围绕着他打转。这种家庭，很多会在每年中考、高考后彻底分崩离析。

第三种：强势妈、懦弱爸，男孩自卑懦弱，女孩强势独立

在一些家庭中，由于爸爸主动或被动地退出主舞台，母亲掌握家庭决策权，父亲在家庭中的作用越来越边缘化，母亲会“不得不”变得日益强悍，甚至在家中说一不二。有的孩子常用“女王”来形容妈妈在家中的地位。

通常，孩子在幼儿期（3~6岁）会开始向同性别父母一方形成认同，进而获得“我这种性别的人应该是怎样的”这种性别角色认知。在这种“父弱母强”的夫妻关系下，女儿会向强悍的母亲形成认同，久而久之就会变成强悍的女儿；而儿子的性格就会带着点与世无争、怎么都行的意思，严重时会缺少担当精神。

有趣的是，在生活中，这种男孩偏爱娶强势女进门，于是强势的婆婆遇到了强势的儿媳，自然就开始了婆媳过招，万一儿媳受了委屈回娘家哭诉，又会引出来一个强势的丈母娘加入家庭大战。

第四种：夫妻过早离异，孩子易冷漠、没安全感

很多领到了离婚证的夫妻会感慨“终于从一段不幸的婚姻中解脱了”，可是他们却疏忽了最重要的一点，那就是孩子永远无法从这段婚姻中解脱！

父母离异带来的内心创伤，孩子往往终生难以平复。相对生活在关系和睦家庭里的孩子，他们往往在焦虑、抑郁、敌对、报复、冷漠等心理障碍问题上有更高的发生率，出现反社会行为的可能性也更高。

第五种：爸妈相互指责，孩子敏感执拗、爱找借口

有的夫妻喜欢相互指责，不管遇上什么大小事情，一定要争论个清楚明白，有理的一方咄咄逼人，没理的一方胡搅蛮缠。特别是双方在争论时，还很喜欢对着孩子说另一方的不是。

一方攻击另一方，带给孩子的只能是双重伤害。对于成年人的唇枪舌剑、死不认错，孩子习以为常，耳濡目染，渐渐地也会变得爱找借口，不愿意真诚地说句“对不起，我错了”，因为身边没有榜样。

第六种：爸妈常动手，孩子脾气暴躁、爱用暴力

可能许多夫妻都会觉得，“世上哪有不争吵的夫妻”，两个人吵架，甚至推搡两下，都很平常，也可以理解。但对孩子而言，父母动手，孩子感觉天都塌下来了，其安全感会受到很大冲击。

与此同时，孩子也会由于耳濡目染变得喜欢暴力、脾气暴躁，遇到问题就像父母一样大吼大叫，用情绪（发脾气）来面对问题，用拳头（使用暴力）来解决问题。

别让孩子成为夫妻矛盾的主战场

在多年的婚姻关系咨询中，我无数次地发现，家长们经常会把夫妻之间的问题“迁移”到亲子关系当中。当夫妻关系不和谐时，经常采用以下三种做法：

第一种，夫妻中的一方以“过度亲密”的亲子关系遮盖婚姻中的痛苦。具体表现是，在生活中，与孩子的亲昵程度超过了与伴侣的亲密程

爸爸对孩子最好的爱，就是好好疼爱孩子的妈妈；而妈妈对孩子最好的爱，就是欣赏并推崇孩子的爸爸。每个孩子在心里都强烈地需要和父母“建立连接”，也就是找到自己与父母相似的地方，从而找到归属感和认同感。请赞美孩子身上像伴侣的地方，这是一种最深层次的爱，可以帮孩子找到自己的价值和美好。

度，比如：几乎把所有的家庭时间都花在照顾孩子身上；以陪伴为名与孩子长年同床，伴侣睡在另一个房间；对于孩子的每一点细微变化都关爱有加，对伴侣的情绪和需求却视而不见等等。

之所以出现这样的情况，主要因为夫妻中的一方对另一方的亲密感不再，双方心理距离拉大，以致一方将情感重心转移到了孩子身上。这种做法的不良后果是，孩子与父母中的一方建立了过分亲密的关系，在将来面对自然分离（如上幼儿园、读寄宿学校等）的时候，亲子双方都会很不适应，也会影响孩子成年后对婚姻的认知。

第二种做法，子女成为家庭问题的焦点，被双方共同指责。比如，妈妈说，“就你这种又馋又懒、不求上进的样子，跟你爸一样，真是太让我失望了！”或者爸爸说，“你妈死爱钱、爱唠叨、还蛮不讲理，你可别跟你妈那样啊！”这种做法，对孩子造成的直接影响是，他们对爸爸妈妈都不会尊重，而且长大后肯定会出现懒惰、不负责、死爱钱、爱唠叨、不讲理等种种“恶行”。为什么会这样呢?

因为，每一个孩子在心里都强烈地需要和父母“建立连接”，也就是找到自己与父母相似的地方，从而找到归属感和认同感。但是，在家庭中，有关爸爸或妈妈的信息却全是负面的，他别无选择，只能去跟这些负面信息建立连接，做出相同或类似的行为来满足归属感。甚至尽管自己也很讨厌父母是这样的，却发现自己最后也不经意间习得了这些，变得与父母一样。

有的父母可能会说，“我把这些抱怨的话都放在心里，没有说出来呀！”其实，就算你表面上没有说，如果你心中怀着对伴侣的不满和怨气，就一定会在无意识的行为举止中显露出来，而孩子的感觉无比敏锐，一定会感受得到。

所以，简单地说，你越不尊重自己的伴侣，孩子就会越像对方。

第三种做法，儿女成了父母拉拢战线、争相讨好的对象。当夫妻之间发生矛盾时，一些人会选择拉拢孩子，试图通过与孩子建立“联盟”，进而达到孤立伴侣的目的。比如，下面的一些话就是为了实现这样的目的：

- “你看，这么简单的要求，你爸都不答应。没关系，妈妈答应给你买这个玩具。还是妈妈好，对吧？”
- “你妈买的算什么啊！爸爸给你买更好的！怎么样，爸爸是不是比妈妈对你好啊？”
- “孩子啊，在你爸的眼里，就只有工作，只有妈妈才是你最亲的人。在妈妈眼里，你就是最重要的！”

在这种家庭氛围之下，孩子要不然就是左右为难、不知该如何应对，要不然就是左右逢源、两边拿尽好处，而且还学会了用一方去威胁另一方，比如“你要是不给我买，我就找我爸去！”，或者“这么点要求都做不到，果然还是我妈对我更好”。无疑，这会大大增加教育的难度。

所以说，一个爸爸对孩子最好的爱，就是好好疼爱孩子的妈妈；而一个妈妈对孩子最好的爱，就是欣赏并推崇孩子的爸爸。

两个人可以在一起，也可以分开，成年人并不一定非要把自己捆绑在一段不幸福的婚姻里。但是，哪怕你们已经分开，也要尊重和赞美曾经的伴侣，抓住机会树立伴侣的高大形象，在伴侣为难时，替伴侣向孩子做出解释，同时赞美孩子身上像伴侣的地方。这是一种对孩子最深层次的爱，可以帮助孩子找到自己的价值和美好。

托尔斯泰在名著《安娜·卡列尼娜》开篇就说：“幸福的家庭都是相似的，不幸的家庭各有各的不幸。”在六种夫妻关系中，只有第一种，也就是夫妻恩爱融洽，是可以帮助孩子塑造良好人格的，其他五种都可能会各有各的问题。

各位已婚人士，为了孩子，为了自己的幸福。一起加油吧！

对孩子予以积极的期望和信任

古希腊塞浦路斯有一位年轻的王子，名叫皮格马利翁。他性格孤僻，但很喜欢雕塑。有一次，他用一块洁白无瑕的象牙雕刻了一个美丽的少女。王子的雕刻非常成功，他的作品实在太美丽了，少女身材婀娜多姿，眼睛充满希望之光。

王子爱不释手，每天都以怜爱的目光深切地注视着象牙雕像，热切地希望“她”有血有肉，会说话，能够跟他谈心。为此，王子每天茶不思饭不想，一直坐在“她”面前不停地呼唤着，梦想“她”能够成为真正的少女。最后，王子的爱情感动了爱神阿芙洛狄忒，爱神赐予这个象牙雕塑真正的生命，“她”竟真的变成了真正的少女。

这是一个美丽的神话，告诉我们一个道理：热切的期望对于实现目标有着强大的促进作用。心理学家把这种现象称为“皮格马利翁效应”。

一个权威的谎言

受神话故事的启发，美国哈佛大学心理学教授罗伯特·罗森塔尔（Robert Rosenthal）和助手雅各布进行了一项实验，目的是探索“皮格马利翁效应”在教学过程中是不是也会产生影响。

1968年的某一天，罗森塔尔和雅各布来到一所小学，他们从一年级到六年级各选3个班，在这18个班的学生中进行了一次煞有其事的“未来发展趋势测验”。测验结束后，他们给每个班级的教师发了一份学生名单，并且告诉教师，根据测验的结果，名单上列出的学生是班上“最有发展空间”的学生。

出乎很多教师意料的是，名单中的孩子有些确实很优秀，但有些却表现平平，有的甚至还比较差。对此，罗森塔尔解释说：“我预测的是他们的发展空间，而非现在的情况。”鉴于罗森塔尔是一位著名的心理学专家，教师们从内心接受了这份名单。随后，罗森塔尔又叮嘱教师，不要把名单外传，只准他们自己知道，否则就会影响实验结果的可靠性。

8个月后，罗森塔尔和雅各布又来到这所学校，并且惊喜地发现：名单上的学生不但在学习成绩和智力表现上均有明显进步，在兴趣、品行、师生关系等方面也都有很大的变化。

其实，罗森塔尔提供给教师的名单是随意挑选的，他根本不了解那些学生，而且也没有考察他们的知识水平和智力水平。也就是说，罗森塔尔撒了个权威性的谎言。为什么谎言也可以发挥作用呢？

罗森塔尔认为，因为这个谎言对教师产生了暗示，影响了教师对名单上的学生的能力评价。当教师发自内心地相信这些孩子未来不凡，孩子们也会强烈地感受到来自教师的喜爱和期望，变得更加自尊、自信和自强，从而在各方面有了异乎寻常的进步。这种现象被称为“期望效应”，也称为“罗森塔尔效应”。

据说，这个实验后来被某个较真的德国人听说了，在德国做了类似实验，在某校随机抽取20名学生组成一个班级，并且给老师和学生暗示，这是一个经过智商测试挑选出来的最优秀的学生，属于“精英班”。

20年过去了，当再去调查这20名学生成年后的成就时，奇迹发生了！研究人员发现，这20名学生每个都很优秀，在工作岗位上表现出色，成了名副其实的精英。

预言为何成真?

这一效应同样会出现在父母和孩子之间。心理学界的泰斗、精神分析学家弗洛伊德就是受益者之一。

1856年，弗洛伊德出生在一个贫穷的犹太人家庭，是母亲艾玛丽的长子。在他出生时，有一位老者对他母亲说，这个孩子的成就会震惊全世界，母亲对此深信不疑。弗洛伊德是家里最受宠爱的孩子，家里唯一的一盏油灯是给他晚上读书和学习用的。

母亲无条件的爱与相信，让弗洛伊德的天资得到充分的发挥和展现。他从小求知欲很强，看过很多书，天资聪颖，学习成绩优异。后来，他以第一名的成绩考入了维也纳医科大学，更不用说他后来在心理学界和临床心理治疗上的卓越贡献。弗洛伊德用自己的人生，验证了当年那个老者的“预言”。

预言为何成真?

一是因为“权威期待”发挥了力量。罗森塔尔是著名的心理学家，对校方来说，他就是权威；而校方对学生来说也是权威。所以，教师们坚信名单上的学生确有发展的潜能，并因此寄予了他们更大的信任和期待。上课时，老师会忍不住给予这些学生更多的关注，通过眼神、笑貌、音调等各种途径向他们传达“你很优秀”的信息。

这些学生也感受到了来自权威（教师）的期望，潜移默化地受着影响，变得更加自信、自爱、自尊、自强，感受到了幸福和快乐。奋发向上的激流在他们身上汹涌，结果真的取得了好成绩，变成了优秀学生。积极的期望在此过程中发挥了巨大的作用。

大量的研究和事实告诉我们：对孩子抱有美好的期待，发自真心地相信他们，提供他们需要的环境，孩子自己会发生惊人的改变。

二是因为“被信任”是人的基本需要。信任对于人的精神生活是必不可少的，它代表一种对人格的积极肯定与评价。每个人都有被别人信任的需要，当这种需要得到满足的时候，人们会感到鼓舞和振奋，当然也会努力呈现出最好的表现。

三是因为“暗示”的巨大力量。“暗示”往往会使别人不自觉地按照某种方式行动，或不加批判地接受某些意见。弗洛伊德的母亲相信了那位老者的话，被成功暗示，又反过来暗示自己的孩子，给弗洛伊德提供有帮助的学习环境，并经常给予各种各样的鼓励和赞扬，最终让弗洛伊德也相信自己必将有所作为。

无论是“皮格马利翁效应”，还是“罗森塔尔效应”，无论是师生之间，还是亲子之间，大量的研究和事实告诉我们：对孩子抱有美好的期待，发自真心地相信他们，提供他们需要的环境，就会有助于孩子发生惊人的改变。

积极期望促使人们向好的方向发展，消极期望则使人向坏的方向发展。“说你行，你就行；说你不行，你就不行。”就是对这种影响的描述。

对教育的启示

第一，善用积极期望和信任的神奇威力。

美国职业游泳运动员迈克尔·菲尔普斯（Michael Phelps）共收获了23枚奥运会金牌和26枚世锦赛金牌，在世界游泳史上留下了光辉灿烂的一笔。可是，很多人不知道，早在他9岁的时候，医生就确诊菲尔普斯患有注意缺陷障碍伴多动症，这是一种遗传病，特征是认知活动缺乏持久性，身体活动过度，控制不住，粗心大意，易出事故，同时伴有认知、运动或语言发育的延迟。

值得庆幸的是，妈妈并没有认定自己的儿子不擅长运动，而是始终对他抱有很高的期望，积极鼓励他参加各种体育运动，并在菲尔普斯10岁那年，说服他放弃了其它的体育爱好，专攻游泳，最终成就了一位改写奥运历史的泳坛王者。

所以，在家庭教育过程中，父母作为权威，要让孩子经常感受到积极的心理预期。即使孩子身上有着各种不足，也不影响我们积极的期望，在这种力量之下，你的孩子也许会出现让人惊喜的改变。

第二，不要随意贴“不良标签”。

很多家长都发现，越怕什么，越来什么，孩子在自己多年的念叨中，还是变成了我们害怕的模样。比如，担心孩子学习不好，孩子果然考试不及格；不愿孩子贪玩，孩子却真有了网瘾；害怕孩子早恋，孩子高一就去开房……其实，这都是暗示的魔咒，是家长们无意中传递给孩子的。

有人曾对犯罪青少年做过专门研究，发现许多孩子“变坏”的原因之一在于不良期望的影响。孩子因偶尔的小错误，就被贴上了“不良少年”的标签，这种消极的期望使他们越来越相信自己就是个坏孩子，最终走向犯罪的深渊。

早在半个世纪前，我国著名教育家陶行知就曾提醒教师：“在你的教鞭下有瓦特，在你的冷眼里有牛顿，在你的讥笑中有爱迪生。”

这世上绝大多数的孩子并不蠢笨，他们本来都有机会成为“天才”，可惜，他们遇到了不合时宜的教育方式（包括家庭和学校），被早早地贴上了“智力低下”“能力平平”“不适合学数学”“道德败坏”之类的标签，在巨大的暗示力量下，他们果然成了这样的人。

孩子的成长方向取决于父母和老师的期望。简单地说，你给孩子贴上怎样的标签（或好或坏），孩子就可能成为一个什么样的人。

每一位教师或家长都有可能创造“奇迹”。想让自己的孩子成为非凡的天才吗？请像对待天才那样，去爱护、期望、珍惜你的孩子！

面对分离，怎样才能“不焦虑”？

这一话题，恐怕是很多即将上幼儿园的孩子和家长们面临的一大难题，我们的小主人公东东也是这样。

东东马上就要3岁了，爸爸妈妈为了让他喜欢幼儿园，煞费苦心，提前做了很多准备工作，经常跟他描述在幼儿园里和小朋友一起游戏、玩耍的美好场景，逗得东东心痒不已，连连大喊，“我要快点去上幼儿园！”

可是，刚刚去了没两天，东东就坚决表示“我再也不去幼儿园了！”一到早上就赖床装睡，怎么叫都不起来，再叫就大哭大闹，可是周末他明明早上6点多就起来玩了。

接着东东的招数升级，开始说自己生病了、不舒服，问他哪里痛，他又说不出来，爸爸妈妈紧张兮兮地把孩子送到医院检查，结果什么事也没有。

然后东东被父母强制送到幼儿园门口，他开始撒泼打滚、嚎啕大哭，像个树袋熊一样紧紧扒着妈妈，死活不松手，最后被硬拉扯下来。幼儿园老师只能抱着拳打脚踢的东东走进园区。这一幕也让东东的爸爸妈妈红了眼眶，心被狠狠攥了一下。

分离焦虑的三个阶段

其实，东东的这种表现，在儿童发展心理学中，被称为“分离焦虑”的初期反应。分离焦虑，指的是幼儿因与亲人分离而引起的焦虑、不安、不愉快的情绪反应，又称离别焦虑，多发于学龄前期。

英国心理学家约翰·鲍尔比（John Bowlby）通过观察，把婴儿的分离焦虑分为三个阶段：第一个是反抗阶段，主要表现是嚎啕大哭，又踢又闹，东东就处于这个阶段；第二个是失望阶段，入园后，孩子仍然哭泣，断断续续，动作上的吵闹开始减少，不理睬他人，表情迟钝；第三个是超脱阶段，孩子开始接受外人的照料，开始正常活动，但是看见母亲时又会出现悲伤的表情。

所以，孩子刚刚入园，出现分离焦虑是正常现象。但是，分离焦虑的情况过于严重，或者幼儿停留在前两个阶段（反抗阶段和失望阶段）时间过久，就有可能演变成焦虑症。

如何识别孩子陷入分离焦虑?

我们可以通过生理变化和行为表现这两个方面，来识别孩子是否陷入了分离焦虑。

从生理层面看，焦虑的孩子往往会因为没有亲近的人陪伴，拒绝上床睡觉。因害怕与亲人分开而反复做噩梦。与亲近的人分离后，孩子出现躯体症状，比如头痛、胃痛、恶心呕吐等（不是装病）。而且长时间的焦虑会降低孩子的免疫能力，孩子常在入园后两三个月内抵抗力变差，出现感冒发烧、腹痛腹泻等症状，当然这其中也有交叉病毒传染的可能。

从情绪行为看，孩子表现出对集体活动不感兴趣，话语减少，反应迟钝，对待别人冷淡。恐惧情绪明显增加，比如怕黑暗、怕见生人、怕一个人待着。一提去幼儿园，孩子就出现哭闹、打滚、叫喊、不吃饭、扔东西、踢人、咬人、抠手、以头碰墙或撞地等行为。

如果你家孩子具有以上表现，几乎就可以断定，孩子已经深陷分离焦虑中，并且程度较重。

为什么会出现分离焦虑?

孩子离开父母和家庭进入幼儿园，是迈出社会化发展的重要一步。在这一过程中，引起孩子焦虑的原因可能主要有以下几个方面：

原因一：家庭与幼儿园有巨大的关注落差。孩子在家中是小公主、小王子，集万千宠爱于一身，是家中所有成员的关注焦点，孩子自己也习惯了被团团包围的状态。可是在幼儿园，他们是班级中几十个孩子中的一员，获得老师的关注是几十分之一，他们感觉到自己不再被重视了。再加上老师或同学都不会按着自己的意愿运行，幼儿园有规则、有行为限制，还要与别的小朋友共用或争抢自己想玩的玩具，还要自己做还不太会的事情，比如自己如厕、吃饭、穿脱衣服、独立入睡……孩子在幼儿园没有在家里生活得舒适，经常遭受挫折和委屈，感受到孤单与茫然无助，所以自然想留在家中，不想去幼儿园。

原因二：认知上的自我为中心导致社交障碍。3~6 岁的孩子处于皮亚杰所说的“前运算阶段”，此时思维的一个典型特征就是“以自我中心”，只能从自己的立场和观点去认识事物，而不能从客观的、他人的观点去看待世界。比如，他们觉得新奇好玩的玩具、漂亮帅气的衣服，如果别的小朋友说“一点都不好玩、丑死了”，他们就会觉得很奇怪，并且感觉委屈，因为无法理解为什么别人与自己想的不一样。所以，孩子在与同伴交往中更容易感觉“被伤害”，陷入孤单无助、却又不知道怎么办的复杂情绪中。他们不知道怎么表达这种状态时，有时候就表现出大哭大闹，不愿意上幼儿园，有时候就表现出郁郁寡欢，干什么都提不起兴趣。

原因三：幼儿园放大了不安全的依恋关系。依恋关系，指的是婴儿与主要抚养者（通常是母亲）之间最初的情感联系，发生在婴儿和经常与之接触的、关系最密切的成人之间。（有关依恋关系的分享，具体请见本章《母婴依恋，生命最初的纽带》这篇文章。）

安全型依恋关系的孩子对陌生人的反应比较积极，能顺利地与陌生人交往。因此，在上幼儿园时，他们通常在几周内就表现出对新生活的良好适应力。

回避型依恋的儿童，并未对父母产生真正的依恋，所以刚刚上幼儿园的时候，这类孩子不会用哭闹来反抗，而是安安静静地度过分离期。

反抗型依恋的儿童与家人的分离状态会让他们极度痛苦，对父母的态度很矛盾，既想与父母接触，又在父母亲近时生气地拒绝和反抗。这类孩子入园后出现的焦虑症状通常很严重。

总结一下，面对分离，宝宝出现焦虑，但在较短时间恢复，是安全型依恋；面对分离，出现焦虑的症状严重，情绪很难平复，是反抗型依恋；面对分离，没有焦虑出现，就是回避型依恋，反而更麻烦。研究表明，依恋的质量会影响孩子的情绪情感、性格、社会行为以及对人的态度，回避型依恋的儿童易成长为具有反社会性和攻击性行为的个体。

原因四：家人的焦虑情绪传递给孩子。宝宝要上幼儿园了，很多家长的焦虑情绪往往比孩子更严重。早上送走孩子，自己坐在家里或办公室里，心不在焉，成天担心孩子在幼儿园会不会饿着、渴着，有没有冻着、热着，是不是欺负了别人或者被欺负……下午接到孩子就是一路盘查、一路询问，“老师有没有批评你，体罚你？小朋友喜欢你吗？今天吃什么了，吃了多少，饱不饱？”这种焦虑情绪会直接传递给孩子，不但不能缓解孩子的焦虑，还有可能加重孩子的焦虑程度。

如何做到分离不焦虑?

面对宝宝的分离焦虑，家长们既要看到幼儿园生活对培养宝宝独立社交、学习与探索的必要性，积极鼓励孩子去适应幼儿园生活，也要尊重儿童心理发展的自然规律，接纳孩子的情绪波动，耐心地引导他们尽快度过焦虑期。

第一，家长可以提前让孩子的生活作息与幼儿园同步，培养孩子的自理能力，提前适应新变化。比如，入园前开始培养孩子独自如厕、吃饭、穿脱衣服的能力，培养定时午休的习惯，培养与多个陌生小朋友一起游戏的兴趣。如果宝宝太小，至少可以教会他们如何向老师寻求帮助。这样，孩子在入园后就不会显得茫然失措，自己也有一定的能力去面对和处理困难。

第二，对于安全型依恋和反抗型依恋的孩子，父母帮助孩子增强对幼儿园的了解和安全感是重点。如果你与孩子之间已经是这两种依恋关系，那么孩子与你分离时自然就会有焦虑，只是程度上有差别。此时，父母可以给孩子讲一些关于幼儿园生活的绘本，带孩子去参观将要入学的幼儿园，到附近去玩耍，观摩小朋友在幼儿园玩耍和放学的景象；可以明确告诉孩子，与这些小朋友的父母一样，放学时，爸爸妈妈也会在门口准时来接他们。总之，通过多种方式，增强孩子对幼儿园的了解，帮助他们认识这是一个与家里不同的新环境，宝贝只是白天暂时离开妈妈，晚上还会回到家中，以此来缓解他们对未知生活的紧张情绪。

第三，对于回避型依恋的孩子，改善亲子关系才是重点。尽管从表现上，这种类型的孩子上幼儿园不哭不闹，让家人在这个阶段很是省心，可是由于依恋关系不够牢固、安全，孩子成人后更容易出现心理和行为问题。所以，对于这类孩子，父母应该引起重视，着手修复亲子关系。比如，保持对孩子表达需求信息时的敏感，尽量解读，及时回应，及时确认需求；多用心陪伴孩子，与孩子亲密互动，多做游戏，满足孩子的心理需求；保持愉快的情绪与孩子进行交流，因为没有孩子愿意与怒火冲天、愁眉苦脸、闷闷不乐、烦躁不安的成人建立亲密的依恋关系。

第四，鼓励并支持孩子的自主性和能动性，维护孩子的自尊和自信。人格心理学家埃里克森认为，幼儿期的孩子处于“主动 VS 内疚”的阶段，也就是说，如果孩子的主动探究行为受到鼓励，就会形成人格上的主动性，更有责任感和创造力；反之，孩子就会缺乏主动性，逐渐失去对自己的信心。所以，这个时候需要守护或鼓励孩子的主动行为，鼓励他们主动选择感兴趣的课程，主动挑选游戏方式，主动迎接挑战，主动交朋友。

第五，家校联合，全方位了解孩子的情况。在幼儿心中，老师非常有权威，他们会非常在乎老师对自己的评价，也会重视老师对其他小朋友的评价。所以，如果老师给孩子贴上了某些标签，比如不合群、特别淘气、坐不住等，就会直接影响孩子对自身的评价，也会影响其他孩子对这位孩子的看法，造成社交障碍。从这个角度来说，家长们既要挑选管理科学、尊重孩子天性的幼儿园，也要注意与带班老师的沟通。经常了解孩子在幼儿园的情况，让家长自己不焦虑，也可以让老师更了解我们的孩子，避免误解、误读孩子的行为。只有家园形成合力，才能为孩子撑起一片晴朗的天空。

一份付出，一分收获，没有高质量的陪伴，何来良好的亲子关系，更不用说健康的心理状态。父母，永远是孩子最坚定的安全港湾，面对焦虑，我们其实可以做很多。

读懂孩子发脾气的“潜台词”

很多家长会抱怨自己的孩子脾气倔强、气性大，甚至有的孩子发起火来会有自虐和自残的行为，比如以头撞墙、用手抓脸等故意弄伤自己的行为。这些行为的出现，经常会吓坏家人，甚至以为孩子出现了严重的精神问题。

当然，孩子采取过激的方式宣泄自己的情绪，显然是不够健康的做法。而通常，爸爸妈妈们因为对孩子身心发展规律不熟悉，在孩子发脾气时，没有准确理解行为背后的“潜台词”，导致情绪安抚不得法，反而进一步激化了孩子的负面情绪表达。

在这篇文章，我们就举几个常见的案例，谈一谈孩子们行为背后的“潜台词”。

案例一：“坏妈妈，去死吧！”

小宇的妈妈为了更全心全意地照顾好孩子，在家里做了 3 年多的全职太太，直到小宇顺利地上幼儿园之后，才开始重新工作。可是，工作不到 2 个月，妈妈就发现 4 岁的小宇开始变得焦虑，经常乱发脾气，对她也没有以前亲密了。

老师还说，小宇在幼儿园经常骂人，还动手推搡小朋友。妈妈很生气地批评了他，可是小宇不但不认错，还梗着脖子冲着妈妈大喊：“你是一个坏妈妈！我再也不想看见你！你去死吧！”

妈妈觉得又委屈又难过，觉得自己多年的付出似乎全都白费，孩子一点也不知道感恩，她自己情绪崩溃地大哭起来。

请大家注意，小宇刚刚4岁。通常，家长会发现这个年龄段的孩子开始说脏话，经常脱口而出“吃屎”“放屁”“去死”“稀巴烂”等语言，而你越是制止他们的这一行为，他们反而说得越来劲儿。

这么大的孩子使用类似上面的语言来攻击、否定他人的时候，有时并不是想表达话语本身的意思，而是他们发现了语言的多种功能，比如这些话可以表达自己的需求，发泄自己当时的情绪，竟然还可以引起别人那么大的反应等。

所以，孩子们在4岁左右出现说脏话、骂人的情况，其实是在尝试使用这种力量，并掌握语言攻击的办法。

如果你发现孩子开始使用语言来进行攻击或发泄情绪，爸爸妈妈可以这样做：

第一，把你的情感跟孩子分享。比如，“听到你这么说，我感觉很难过”，温和地向孩子说明自己的感受，让他们意识到这种伤害别人的语言力量很有杀伤力的，尽量少用。

第二，给孩子一个正向的引导。比如，“我们愿意原谅你，因为知道你不是真的这么想”，父母可以这样明确表示，而不是在羞恼情绪中给孩子贴上“爱骂脏话”“没礼貌”等负面标签。

第三，询问潜藏的原因。语言攻击通常伴随着情绪变化，有可能是因为父母工作太忙，疏忽了对孩子的照顾，让孩子不开心了，孩子使用这种方式来博取大人的注意。或者他们在幼儿园遇到了一些问题，比如被其他的小朋友用脏话攻击。

第四，引导孩子用其他合适的方式表达情绪。既然语言攻击是孩子为了发泄情绪而选择的一种方式，那么当我们建议孩子放弃语言攻击这种表达方式的同时，就需要提供一些新的合适的情绪表达方式。美国知名育儿专家希瑟·舒梅克在《不分享也 OK》这本书里这样建议道：

你可以把孩子带到一个他可以大喊大叫、任意踢打的地方，比如户外的小树林里或家里的“生气角”。在那里，他们可以使劲击打或踢打一些不怕受损的东西，如纸盒、报纸、枕头等，用沙包打靶子，推倒积木，或者在浴室里大喊，对着镜子做鬼脸等。一旦孩子体力耗尽，他们就会做一些更加安静的事情。这时，可以鼓励孩子用更有创意的方式来表达和梳理自己的情绪。比如，有些孩子喜欢将感受画出来，你可以给他们纸和笔，有些孩子听音乐，你可以让他们自己播放自己喜欢的音乐，有些孩子喜欢剪纸或用橡皮泥捏小东西，你可以提供材料，让孩子自己表达。

案例二：大喊“无聊”的琪琪

两岁十个月的琪琪最近注意力特别不集中，做什么事情都不能专注，最多 3 分钟就对着妈妈嚷，“好无聊啊！”“玩这个真没意思！”“我该做点什么好呢？”她毛毛躁躁，一刻也静不下来，让家人很担心。

听到孩子喊无聊，你是不是有点心疼呢？是不是立刻就给她出主意做点别的呢？还是屈服在那张可怜兮兮的小脸之下，予取予求？

其实，3 岁左右的孩子已经充分地认识到，他们对父母具有一定的影响力，甚至是有掌控力的，并且能够根据过去的生活经验开始“策划”一些行为。

所以，当孩子对着你喊无聊的时候，有两种可能性：

第一种可能，他们真的觉得百无聊赖，在向你寻求帮助，“给我找点儿有意思的事情做呗！”如果是这种情况，很可能因为你平时对孩子的生活和游戏干预得较多，经常给安排他们各种具体活动，导致孩子不能自己安排自己的生活。所以，他们一空闲下来，就不知道该做些什么。这种养育方式，不适合培养孩子的独立性，特别是对那些打算寄宿或让孩子当小留学生的家庭来说，更是如此。

所以，建议爸爸妈妈们不要直接告诉孩子“去画画吧”“出去踢球吧”，而是启发并引导孩子学着规划自己的生活，比如“你现在有什么想做的吗？”或者“昨天玩的游戏，哪个你觉得更好玩儿？”如果孩子年龄较小或者独立决策能力较差，可以提供两三个活动选项，让孩子自己选择，比如“画画和踢球，你现在想玩哪个？”

第二种可能，孩子其实另有所图。大喊无聊，是为了让你心软，从而答应他们不再继续做眼前不喜欢的事情（比如画画），转而同意做其它喜欢的事情（比如踢球）。

如果是这种情况，建议爸爸妈妈先不要立刻屈服，而是关注孩子的真实想法，了解他们讨厌画画的真正原因，或许会有新的发现。比如，因为老师在幼儿园没有表扬他的绘画作品，导致画画的动力不足。那么，这时，解决的焦点就不是转而去踢球了，而是孩子的自尊受伤了，需要爸爸妈妈帮着包扎“伤口”。

案例三：“我没撒谎！就是没有！”

3岁半的明宣与小区里的两个同龄宝宝正嘀咕着什么，明宣妈妈好奇地凑了过去。原来，明宣正煞有介事地说他爸爸是警察，昨晚从公安局拿回一支真枪，被明宣一把夺过来开枪射击，结果把家里的小狗打死了。他还说，他很伤心。

妈妈觉得很好笑，问他为什么要撒谎。明宣强力辩驳："我没撒谎！"妈妈就问："那咱家的枪呢？我怎么没有看到？"明宣见自己的谎言被揭穿，气呼呼地跑远了。

明宣妈妈发现孩子总是撒谎，经常说一些子虚乌有的事情，她甚至怀疑儿子的大脑出了问题。

类似的情况还有很多。比如，一个小朋友吃着棒棒糖，对着另一个小朋友炫耀，"我爸爸给我买了 5 支棒棒糖，是进口品牌，可好吃了！"另一个小朋友就可能张嘴反驳："我爸爸也给我买了，也是进口品牌，买了 10 根，不对，是 100 根！"

很多家长也会遇到这些情况，有的爸妈会把这种情况简单当成孩子"爱吹牛""说大话"。

其实实际情况远不止这么简单。

三四岁孩子的想象力正是极为丰富的时候，特别是创造性想象有了极大发展。在他们的小脑袋瓜里，其实还不太能分得清想象和现实的区别，所以才会把自己想象出来的事情，说得好像是真实发生过的一样。

所以，当孩子大喊着"我没有撒谎"的时候，父母应该反思，是不是我们对孩子的心理活动和发展还不够了解，或者我们与孩子之间的信任出了问题。或者反过来想想，这些其实反映了孩子的内心世界，表达了他们小脑瓜中的世界，我们可以借此与孩子共同创造这些美丽的"故事"，同时提点他们，这些我们创造的故事与真实有什么区别吗？就像绘本《莎莎的月光》里表现的那样。

留给孩子的最大财富

著名未来学家彼得·伊利亚德说："今天我们如果不生活在未来，那么未来我们将生活在过去。”也就是说，教育应指向未来社会的需求。如果我们现在的教育，不能为孩子的未来奠基，那我们的孩子将在 30 年后被全新的社会抛弃。

那么，未来时代需要怎样的人才呢？全球畅销书《全新思维》的作者丹尼尔·平克（Daniel Pink）指出，未来的人才，需要拥有四种全然不同的思维——创造型思维、共情型思维、模式识别型思维和追寻意义型思维，以及六种基本能力——设计感、故事感、交互能力、共情能力、娱乐感和探询意义。

可见，良好的情绪控制能力和共情能力，是未来社会对人才的重要要求。而这依赖于父母对孩子的情绪情感和行为背后的真实需求的接纳、共情与理解。这恰恰是父母可以留给孩子终身受益的最大财富！

如何培养孩子的延迟满足能力？

新时代的爸爸妈妈们非常具有学习精神，大家会主动购买各种育儿书籍，积极地报名参加不同机构的线上线下的育儿课程，还有的会拉上家里的老人一同学习。学习内容主要围绕儿童的健康养育、智力开发、心理发展、人际交友等多个方面。这是一个好现象，愿意主动汲取知识并积极付诸实践的父母，总比消极懈怠、忽视养育问题的家长要负责任。

但是让我十分揪心的是，有些家长在看书或听课的时候，因为儿童心理知识体系不完善，特别容易出现“断章取义”“舍本逐末”“刻板套用”等情况。而这些情况的出现，就意味着某些心理学知识被滥用了，某些育儿理念被歪曲理解了，某些家庭的孩子被父母很认真地“养歪”了！我们在这里来谈一谈误会重重的“延迟满足”。

被误解误用的延迟满足实验

在20世纪60年代，美国斯坦福大学心理学教授沃尔特·米歇尔（Walter Mischel）及其团队在斯坦福大学附属幼儿园进行了著名的“延迟满足”实验。

我们强调的“延迟满足”，是孩子在没有外界控制、约束和监督的情况下，适当地控制自己的行为，抑制冲动，抵制诱惑。这是自我控制能力的一种表现，也是一个人走向成功的重要心理素质。

实验人员给每个4岁的孩子一颗好吃的软糖，并告诉孩子可以吃糖。但是，如果马上吃掉的话，只能吃一颗软糖；如果等20分钟后再吃的话，就能吃到两颗。然后，实验人员离开，留下孩子和极具诱惑的软糖。实验人员通过单面镜对实验室中的幼儿进行观察，发现：有些孩子只等了一会儿就不耐烦了，迫不及待地吃掉了软糖，是“不等待者”；有些孩子却很有耐心，还想出各种办法拖延时间，比如闭上眼睛不看糖，或头枕双臂，或自言自语，或唱歌，或讲故事，成功地转移了自己的注意力，顺利等待了20分钟后再吃软糖，是“延迟者”。

十几年后，当时参加实验的幼儿成长为青少年，研究人员对他们的家长及教师进行了追踪调查。调查发现，当年的“不等待者”更多地显示出孤僻、易固执、易受挫和优柔寡断的个性倾向，而“延迟者”较多地成长为适应性强、具有冒险精神、受人欢迎、自信和独立的青少年。学业能力的测试结果也显示，“延迟者”比“不等待者”在数学和语文成绩上平均高出20分。随后几十年的跟踪观察也证明那些有耐心等待吃两块糖果的孩子，在事业上更容易获得成功。

很多爸爸妈妈看了这个实验后，立志要把自己的孩子培养成“延迟者”，命令要求孩子每天必须先写作业、再看电视，先学习后玩耍，认为这样就是延迟满足了，能培养孩子养成良好的学习习惯。但事实恰恰与此相反，在父母的强制命令下，孩子或是因为被约束而闷闷不乐，或是因为急于想玩而对作业敷衍了事，甚至会奋起反抗父母的“暴政”，学业成绩并没有显著提高。于是父母大声呐喊，延迟满足根本不管用！殊不知，是他们自己误解、误读、误用了“延迟满足”实验的真谛。

我们强调的“延迟满足”，是指孩子在没有外界控制、约束和监督的情况下，适当地控制自己的行为，抑制冲动，抵制诱惑。这是自我控制能力的一种表现，也是一个人走向成功的重要心理素质。所以，延迟满足的正确打开方式，不是由父母一方主导的高压约束，而是从小培养孩子自己慢慢养成自我控制的能力。

怎样培养孩子的延迟满足能力？

如果孩子要什么，父母马上就给什么，孩子很容易养成性格急躁、不会等待、不懂珍惜、不会感恩等不良品性，结果，孩子不但难以成功，更难以得到快乐。为此，我们有必要对孩子从小进行延迟满足的训练，在 8 岁之前基本完成自控能力的习得。

第一，在孩子不同的年龄，合理使用不同的延迟满足方式。因孩子的年龄和需要不同，父母给予其延迟满足的时间和方式也有所不同。比如，刚出生的宝宝主要是生理需要，当他们饿了、渴了，就会嗷嗷大哭。此时，父母可以一边回应孩子的哭声，“宝贝稍等一下啊，牛奶马上就来”，一边稍微晚几秒给孩子喂奶喂水。也就是说，既不要忽视孩子的情绪表达，也不要让他们一开哭腔就立刻把奶瓶塞入，慢慢帮助孩子从小学会等待。

随着孩子长大，到两三岁时，孩子的需要逐渐多起来，父母要学会分析孩子的合理需要，给予不同的延迟满足方式；可以推迟满足时间，让孩子学会等待，也可以通过让孩子付出劳动，或引导孩子共同参与，来获得满足。比如，宝贝喜欢上了一台遥控车，父母可以建议等过生日时再买。假如孩子想要一辆自行车，父母可以让孩子帮忙做家务一个星期，然后再买。这样在等待的过程中，孩子学会了忍耐，也学会了珍惜。当然，父母的许诺都要得到兑现，不然孩子会觉得这是你故意拖延的借口。

第二，向孩子说明延迟满足的理由。在我们帮助孩子进行延迟满足的时候，需要向孩子讲明道理，让孩子明确知道不立刻满足他们的原因是什么。比如，孩子想玩秋千，我们可以说：“秋千是公共的，大家都需要排队等候，排到你的时候，你就可以玩啦！”再比如，孩子想要一件很贵的玩具，我们可以告诉孩子：“这个玩具太贵了，我们一起攒钱，等攒够了，再买来玩吧！”很可能转个身，孩子自己都忘了那个玩具，如果还是念念不忘，那就一起努力攒钱吧，顺便告诉孩子什么是理财。

第三，冷静对待孩子的任性哭闹。有的孩子很任性，当父母不能即时满足他们的要求时，他们会通过哭闹来与父母抗争。这时父母一定要冷静，态度温和，但不能有原则上的让步。我们必须让孩子明白，生活中有些东西并不是想要，就可以立即得到，如果不想办法让孩子明白这一点，走出家庭后，他们遭遇到的拒绝和挫折感恐怕会更严重。而当孩子自己发现，哭闹并不能帮助自己达成心愿、解决问题时，他们自然就会逐渐放弃哭闹，要么等待，要么通过付出努力得到想要的东西。

第四，不吝啬正确的表扬。当孩子开始自主表现出延迟满足时，父母一定要及时表扬他们，使孩子觉得自己的努力得到了认可，自己感受到能控制住自己的满足感和成就感，可以强化良好行为的再次出现。比如，当孩子帮助父母拖地、洗碗、做家务时，父母表扬孩子是个热爱劳动的好孩子，以鼓励他们今后更加主动地做劳动，端正做家务的行为动机。这时，千万不要这样说：“我知道你这么做，是为了获得你心爱的玩具。”这样会彻底把孩子的行为贴上功利化的标签，反而给孩子暗示，让他真的只在想要玩具的时候，才愿意做家务。再比如，当孩子愿意排队，愿意轮流和别的小朋友玩玩具时，父母可以表扬孩子能控制住自己，愿意等待，愿意与小朋友轮流玩，遵守了公共秩序和规则。与此同时，还可以给孩子一点物质奖励。

这些才是延迟满足的正确打开方式，也是有助于培养孩子自我控制能力的几点建议。在育儿过程中，特别在孩子的生命早期，我经常用“差之毫厘、谬以千里”来形容父母的养育方式。真心期待这篇小文可以为各位爸爸妈妈提供一些方法，一起抚养小小“延迟者”。

经常有攻击行为的孩子，更需要帮助

4 岁的仔仔是个乖乖孩，眉清目秀的外表下，有一颗温和、善良、内向的心。一直以来，仔仔都会主动大方地和小朋友玩耍，用语礼貌，特别让人省心。

可是，事情却在孩子上幼儿园后开始改变。妈妈发现，仔仔有时身上会有被抓伤的痕迹。据仔仔说，他在幼儿园只跟一个叫果果的小朋友玩。问到为什么时，小家伙的反应很激烈，充满了怯弱、害怕："果果只准我与他一个人玩，我和其他小朋友玩，他会不高兴的，还会打我！"

对此，妈妈无法淡定了，自己的宝宝显然在幼儿园受到了欺负。于是，妈妈告诉了幼儿园老师，希望可以制止一下这种行为。结果事与愿违，果果被老师批评后，开始联合其他小朋友一起欺负仔仔。

仔仔明显被孤立了。无奈之下，妈妈只能选择为孩子换一个其他的幼儿园。几个月后提到这件事，仔仔妈妈的情绪依然很激动："我就想不明白了，这么小的孩子，还不到 4 岁，怎么就这么会欺负人？"

其实，早在生命之初，襁褓中的婴儿在母亲怀中吃奶的时候，如果见到别的宝宝也在吃妈妈的奶，他都会一边吃奶、一边用小脚丫去踢对方。显然，孩子因护食而攻击他人的行为，远远比大人以为的要早得多。

心理学对于攻击行为有很多研究。在这里，我们就“幼儿的攻击行为”来做一个专题分享。

幼儿的攻击特点

攻击行为又称侵犯行为，是针对他人的敌视、伤害或破坏性行为。心理学家曾专门针对儿童的攻击行为进行研究，结果发现：有目的的、有明确对象的、真正的侵犯行为出现在 4 岁左右。

从攻击形式看，攻击行为可以分为身体攻击、言语攻击和间接攻击。其中，身体攻击是直接侵犯他人的身体，比如推搡、踢打、扇耳光等；语言攻击是使用侮辱性的语言对别人攻击，包括给别人起侮辱性的外号，骂脏话，污蔑诽谤等；间接攻击指的是不对他人做直接的身体或语言攻击，而是通过侵犯别人的权利来达到攻击的目的。

美国心理学家威拉德 · W. 哈特普的研究表明：3~6 岁幼儿的侵犯行为随着年龄增长，身体攻击在 4 岁时达到顶点；如果孩子受到了攻击，3 岁左右就能产生报复念头；随着年龄的增加，身体攻击开始减少，而言语攻击开始增多。

而且，侵犯行为存在明显的性别差异。我们曾经主观地以为，男孩多使用身体攻击，而女孩多使用言语攻击。而研究证明，无论是身体攻击，还是言语攻击，男孩都比女孩多。这种性别差异，在 2~2.5 岁的儿童身上已经可以观察到。

从攻击目的看，可以分为工具性攻击和敌意性攻击。工具性攻击并不直接由愤怒或某种情绪引起，而是把伤害他人作为一种手段，目的是通过攻击获得希望的奖励或有价值的东西，比如通过抢劫获取财物。而敌意性攻击是以伤害别人、给他人造成痛苦作为最终目标，比如打架斗殴。这种攻击一般是由痛苦的情绪体验（如侮辱、挫折或嫉妒）等引发。

对于幼儿来说，绝大多数的攻击都属于敌意性攻击。也就是说，出现攻击行为的孩子首先体验到了不愉快的感受（比如上文中的果果被老师批评，或者在家里被父母打骂，或者跟小朋友的交往出现障碍等），然后才会做出攻击行为。

从这个角度来看，欺负人的孩子，其实自己也不快乐！

孩子这么小，为什么会有攻击行为？

原因一，攻击是人类的本能之一。很多心理学流派，都倾向于从本能的角度解释人类的攻击行为。比如，精神分析理论认为，人生来具有死本能，而死本能是一种破坏力，当这种力量向外释放的时候，表现出来的便是攻击行为。

原因二，先天气质在发挥作用。在本章《人格塑造，从“气质”开始》一文中，我已经就儿童四种不同的气质类型做了比较详细的解读。从攻击行为的易发程度来看，一些活动型气质的孩子会显得很霸道，经常与人争执；冲动型气质的孩子因为缺少对自己行为的控制力，情绪一上来就不管不顾，所以也容易产生攻击行为。

原因三，分离焦虑导致情绪不佳。孩子与某个人产生了亲密情感的联结以后，面对分离，就会表现出伤心或痛苦，拒绝分离，这是正常的心理现象。一方面是幼儿对父母稳定的依恋情感，另一方面是幼儿对于陌生环境的一种本能的不安全感或恐惧感，两方面因素相互作用导致幼儿在入园初期产生分离焦虑。如果幼儿长时期处于这种恐惧不安、沉默忧虑的消极情绪状态下，会严重影响到他们的身心健康。

新行为主义研究者会把侵犯行为看成是受到挫折的结果。此时，孩子们会因为分离焦虑而感觉很不快乐，但又不知道如何处理自己的负面情绪，所以更容易出现敌意性攻击行为，以减轻自己的痛苦。

原因四，原生家庭的负面影响。溺爱型的父母不约束儿童的攻击行为，实际上是让这种行为“合法化”，孩子得到了变相地鼓励和支持，所以出现更多的攻击行为。还有一种情况，如果孩子生活在一个充满攻击行为的家庭中，比如父亲有家暴行为，或者母亲经常语言攻击其他家庭成员，那么，这个孩子也会更早地、更偏好使用攻击行为来面对他人。

原因五，大众传播媒介中暴力内容的影响。社会学习理论把侵犯行为看作是通过强化或观察习得的。我曾经陪伴女儿看了国内外的各类动画片，其中一些就充斥着暴力内容，比如殴打、战斗、杀戮等。这些暴力内容提供了攻击榜样，减弱了儿童对自己攻击行为的控制。

如何有效消除攻击?

对于攻击行为的控制，从来不是一件简单的事情。由于攻击行为产生的原因各不相同，下面这些建议，仅供各位家长参考，请斟酌使用。

一是消除对孩子攻击行为的奖赏和关注。让孩子（不管他多小）意识到，这种行为不被嘉许，以后最好不要再出现。

二是树立榜样，做认知训练。为小孩子树立正面的榜样，学会友善地对待他人，遇到情绪激动、可能会发生攻击行为时，为孩子做出如何转化愤怒、平复激动的示范，教会孩子正常的人际交流技能。

三是移情训练。对于那些先天气质决定了很容易生气，或者容易行为不受控的孩子，可以通过分散他的注意力来减少敌意性攻击。及时、多次地进行移情训练，会是一个效果不错的办法。

四是创造减少冲突的环境。为孩子打造一个没有语言暴力和行为攻击的家庭环境，是每个父母不可推卸的职责。如果孩子生活在一个较少出现攻击现象的环境中，他们的攻击行为自然会大大减少。

攻击行为是人类重要的社会性行为之一，与孩子成长过程中的诸多问题交织在一起，共同发生和发展。攻击行为的背后，有着复杂的心理学理论和各种不同的心理动力支撑。希望本文可以帮助我们可爱的孩子远离攻击行为，悠然自信地行走在自己幼儿园的“小江湖”。

宝贝的“性好奇”，怎么破？

通常一场育儿讲座结束后，我总是被众多家长包围，接近一个小时的答疑后，诸位家长才在工作人员的反复恳请下慢慢散开。有一次，一位妈妈悄悄地跟了上来，但又有些顾忌我旁边的工作人员，欲言又止，没有开口。我看出了她的为难，邀请她到我的休息室，在只有我在场的情况下，她才开口说出她的焦虑。

她的儿子今年 4 岁。最近，她发现孩子开始表现出对自己性器官的高度关注，没事儿就把裤子脱了，用手玩弄自己的小鸡鸡，神情专注而开心。家人看到了，制止了好几次，爸爸甚至还因为这个而动手打了他。于是，孩子虽然当着大人面不再脱裤子这么做，却改成了睡觉的时候趴着，悄悄用手摸，或者用床铺去摩擦自己的生殖器。不让他趴着，他就不睡觉，大哭大闹。家人都非常担心，觉得这个孩子的心理出了问题，小小年纪就这么“色”，长大以后怎么得了？

我相信，有类似困扰的家长，一定不在少数。很多家长一直以为，只有孩子到了青春期，才需要谈及性。他们却不知道，早在幼儿期（3~6 岁），孩子们就已经进入了弗洛伊德所说的“性器期”，所以，孩子会出现这一时期独有的心理特点。

幼儿阶段的孩子，会特别关注生殖器官，会通过抚摸、显露生殖器得到快感，尤其会对男女生殖器的不同产生好奇，也因此逐渐产生性别意识。他们对人体奥秘的这种自然好奇，与成年人联想到的性行为没有实质关系。

性别意识的产生

在幼儿阶段，孩子就会通过抚摸、显露生殖器得到快感。此时，孩子们特别关注生殖器官，对性本身非常好奇，尤其对男女生殖器的不同产生好奇，也因此产生了性别意识。比如在幼儿园，女孩是蹲着小便，男孩是站着小便，孩子们就会互相问，“你为什么可以站着小便？”，“你那里为什么和我长得不一样？”，“我给你看我的，你也给我看你的？”这是他们对人体奥秘的自然好奇，与成年人联想到的性行为没有实质关系。

在此基础上，男孩总想要独占母亲的爱，在他们看来，父亲就是与自己争夺母亲的爱的一个对手。因而，男孩对父亲产生敌意，形成了恋母情结（俄狄浦斯情结）。相反，女孩则对自己的父亲产生依恋，母亲则被视为多余的人，女孩总希望自己能取代母亲的位置，成为父亲最爱的人。女孩子的这种恋父嫌母的倾向，弗洛伊德称之为恋父情结（伊莱克特拉情结）。

可惜，作为竞争对象的父亲或母亲都十分强大。最终，男孩开始向父亲形成认同，把自己和父亲连接起来，生出“我长大以后要成为父亲那样的男人”的念头；而女孩则向母亲形成认同，在行为上模仿母亲，有了“我长大以后要成为妈妈那样的女人”的想法。因此，男孩的性格通常像父亲，女孩的性格通常像母亲。如果幼儿的“恋父”或“恋母”情结受到挫伤或过度满足，都会影响其成年后的恋爱婚姻。

怎样面对孩子的性好奇？

作为家长，我们有责任帮助孩子一起度过这个敏感阶段。

首先，家长的反应不要过激。上面提到的父亲因为儿子抚摸性器官（我并不将这种行为等同“手淫”）就暴打一顿，或者横加指责，对此，我本人非常不认同。因为这无疑在告诉孩子，对性器官的好奇是不对的，这一行为是污秽的，与性器官有关的都是肮脏的。如果孩子从小就有了这样的意识，那么，在他们进入青春期以后，就会通过各种隐蔽的途径来获取性知识。因为他们会觉得在这个重要问题上，父母肯定不会与自己交流，而且会阻碍自己接触这些事情。这就相当于，父母把自己隔离在了与孩子沟通性话题的大门之外，无法知道孩子从信息爆炸的时代到底了解了哪些性信息，有怎样的性价值观。无疑，这样的互不信任的关系，对于青春期的孩子而言相当危险。

其次，认识到这种性好奇非常正常。进入幼儿期，孩子们就会对性器官感兴趣，这是普遍存在的现象。家长和幼师需要做的，仅仅是正确的引导，比如告诉他们手很脏，用手摸性器官容易感染细菌，比如用图片告诉他们男生和女生的差别在哪里。

第三，建议父母注意生活细节。在孩子 3 岁以后，父母尽量避免赤裸身体。比如，父母不要赤裸身体带着孩子洗澡，或赤裸身体陪孩子睡觉；当着孩子的面，夫妻尽量不要出现比拥抱更亲昵的行为。曾经有一位来访者，跟我讲起在她童年时候，与父母睡一张床，有时半夜就会目睹父母发生性关系，这给她带来了极大的刺激和阴影，以至于她年过 30 岁依然没有结婚，因为她拒绝与异性发生关系，觉得这种事情肮脏又恶心。

在幼儿期，孩子会对自己的生殖器以及与异性的生殖器感到好奇，这是非常正常的幼儿心理。他们的性别意识在发展，我们需要做的是，理解这一行为的正常性，明确自己的性价值观是怎样的，然后与孩子沟通你的想法。重要的是让孩子了解，在这一问题上，父母愿意与他们认真沟通。

如果你的孩子被虐待，请牢记这七条

近些年，各种虐童事件频发，引发了广泛的社会不安。当全社会都对涉事人员和教育机构进行严正声讨时，我希望从心理学的角度，告诉家长们怎样看待此类事件对孩子身心的持续影响，如何抚慰孩子受伤的心灵，通过科学观察和心理疏导帮助孩子走出阴影，以及怎样引导孩子重建对他人的信任。

第一条：接纳孩子的情绪

对待被虐待的孩子，我们首先要用温暖的拥抱来传递接纳，让孩子们把压抑的恐惧、莫名的愤怒和身体的伤痛，用生命初始最直接的表达——放声哭泣，统统释放出来。

在此时此刻，我们不要求孩子“坚强”，也不要软弱地安慰“不要哭”，而是让孩子安心地宣泄、哭泣，并接纳他们全部的情绪，因为，只有把这些负面情绪尽量释放之后，孩子才能开始学会放下，继续前行。

第二条：安抚自己的情绪

在安抚孩子的同时，其实，身为父母的我们也需要被安慰，我们那

对待被虐待的孩子，我们首先要用温暖的拥抱来传递接纳，让孩子把压抑的恐惧、莫名的愤怒和身体的伤痛，统统释放出来。坚定地告诉孩子，虽然无法改变已经发生的事情，但爸爸妈妈会在这里，一直陪伴在你身边，保护你、接纳你、理解你、安慰你、鼓励你，陪你一起去面对、解决这些成长中的困惑。

种万分惊恐、悔恨交加的心情也需要纾解。当自己的宝贝遭遇虐待事件后，涌上父母心头的第一感觉，恐怕就是后悔。

无数家长，为自己曾有过的粗心大意而深深后悔：后悔将孩子推入茫然未知而失控的境地；后悔当孩子哭喊着不想去幼儿园的时候，却误会他们要赖偷懒，因而强行交给老师；后悔在孩子日渐沉默寡言、行为退缩的时候，却逼着他们主动社交，还批评孩子不够开朗；后悔在孩子表现出对性器官过分关注或过分掩饰的时候，却仅仅只把它简单看成是小孩子不懂事或者害羞。

我们坚信，每一位家长都愿意用生命去捍卫孩子的喜乐平安。但是，追究过往，深陷内疚，对于帮助孩子无济于事。我们甚至看到，有的家长忙于宣泄自己愤怒和恐惧的情绪，拉着孩子四处“讨说法”时，却又对孩子造成了二次伤害。

所以，要先让家长们释放自己的焦虑、愤怒、担忧和难过，心理先恢复健康平和，才能为孩子的心理健康提供安全的环境和足够的能量。

第三条：坚定的陪伴

在孩子的想法里，可能无法理解为什么亲爱的老师上一分钟还笑语晏晏，下一分钟就打骂训斥，甚至花样百出地用各种物品给自己带来伤痛；也无法理解为什么大人们可以发明并恣意使用如此恶毒可怕的脏话，来侮辱谩骂自己；更不知道发生在自己身上的那些事情，如果没有得到妥善疏导和干预，将会给自己的身心健康、人格发展、社会交往，乃至未来几十年的人生带来怎样深远的影响。

所以，家长们需要坚定地告诉孩子，虽然我们无法改变已经发生的事情，但爸爸妈妈会在这里，一直陪伴在你身边，保护你、接纳你、理解你、安慰你、鼓励你，陪你一起去面对、解决这些成长中的困惑。

就这样，反反复复地告诉他们，我们爱你，无论曾发生过什么，未来将发生什么。

第四条：对孩子的行为和情绪更警觉

如果你的孩子没有遭遇被虐，但是看到或听到这些令人震惊的社会事件，家长都需要提高警觉，学会观察和识别。

比如，当孩子表现出对幼儿园某位老师的抵触情绪时，我们可以俯下身，耐心听孩子陈述理由。当孩子开始骂人、说脏话、无理对待家人时，我们应该警觉孩子是在什么样的环境中跟谁学会了这些行为。当孩子开始对自己的性别和器官感兴趣时，我们需要及时传递正确的信息和自我保护的观念，不因为自己对性话题感到很尴尬，而躲躲闪闪。

第五条：有技巧地关心询问

幼儿园放学时，经常听到很多家长在见到孩子的第一时间，就迫不及待地丢出一连串问题，比如“你今天过得开心吗？”“老师有没有打你、体罚你？”“老师有没有给你吃奇怪的东西？”……在虐童事件发生后，这种询问变得愈演愈烈。

其实，作为家长，如果想了解孩子在幼儿园的真实生活，这样直接而笼统地问话并不合适，因为孩子还太小，语言表述不清，记不清已经发生过的一般的事情，或者已经提前被叮嘱过了。这种时候，询问孩子的幼儿园生活，是需要讲究技巧的。

比如，我们可以跟孩子说，爸爸妈妈想跟你玩个“过家家”的游戏，在游戏里，你是老师，我们是宝宝，看看你这个老师是怎样当的。通过观察孩子对待我们的方式，比如是否有体罚、是否会辱骂、是否要求过于苛刻，就可以推测出孩子在幼儿园的真实生活片段。

第六条：密切关注心理变化

如果孩子有被虐待的经历，他们可能由此改变对大人的看法，开始对这个世界充满怀疑和不信任。他们开始改变对自己的评价，或者误以为自己是不可爱的、不被喜欢的，变得敏感而自卑。他们还可能由此改变与同龄小伙伴的交往行为，变得更有攻击性，因为他们要使用攻击性行为来释放自己心里的焦虑和不安，或许在一段时间里变得退缩、软弱而不快乐。

这些认知、情绪和行为方面的变化，都需要父母认真观察，密切关注。如果在较短时间内，比如一个月，这些担忧、恐惧、怀疑、敏感、自卑、焦虑、退缩逐渐减弱，乃至消失，那么可以暂时松下一口气，慢慢引导孩子恢复乐观阳光的样子。

如果孩子不能依靠自己的力量走出伤害，父母需要及时带孩子去见专业的心理咨询师，让他们用专业的疏导和干预方式，帮助孩子重新恢复心灵的平和与安宁。

第七条：引导孩子心存美好

告诉我们亲爱的宝贝，虽然你遇到了一些不够好的人，但是，还有更多的人带给我们温暖和呵护。

老师的亲切关爱的笑容，温暖舒适的拥抱，无微不至的关爱，入情入理的教导，她们愿意跪在地上帮孩子扣纽扣，带全班小朋友一起唱生日歌，自己没吃完饭就冲进厕所帮宝贝擦屁股……孩子正是生活在这些温柔、温馨和有担当的点点滴滴中，才会成长为一个能够给别人带来温暖和爱的人。

谁管压岁钱？与心理账户有关

一则报道刷爆朋友圈：云南一位女大学生小娟因父母离婚，双方都不愿支付小娟的学费，而将父母诉至法院，要求父母返还 5.8 万元压岁钱以缴纳大学学费。经调解，小娟父母最终同意每月定期向小娟支付大学期间的学费及生活费共计 1500 元，直至小娟大学毕业。

案件中的“压岁钱”戳中了春节的痛点，子女状告父母戳中了亲子关系的痛点，父母离婚戳中了破碎家庭的痛点，大学学费戳中了贫困生的痛点。此新闻一经报道，各方关注，舆论哗然。

一石激起千层浪

法律专家表态——长辈赠红包和小辈接受红包，是一种赠和被赠的行为，因此压岁钱和红包都属于孩子获得的赠予财产，孩子可以选择自行保管，也可以交由父母保管。作为监护人，父母可以替未满 18 周岁的子女保管红包和压岁钱，也可以建立理财账户，为孩子购买商业保险，但不能自己没收处理。

教育专家表示——压岁钱是中国一直以来的春节习俗，寓意祈求保佑小孩平安健康成长，是父母、老人给小朋友的礼物，是一种传递亲情的方式，不要因为压岁钱的归属问题“撕裂了亲情”，因小失大。

社会学专家表态——社会需要的是“孝顺的儿女”和“开明的父母”。儿女孝顺了，根本不存在因为压岁钱对簿公堂的情况，父母开明了，也自然会在教育孩子如何管理好压岁钱方面用尽良方。

父母们纷纷抱怨——红包本来就是我们大人之间人情交往的礼节和桥梁，孩子只是个传递者而已，压岁钱当然应该上交。这个世界到底怎么了？孩子为了压岁钱都能上法院起诉父母了？而且竟然还得到了法律支持？此种风气一起，我家的“熊孩子”就更加理直气壮了，当家长的还不能干涉。十来岁的孩子手里拿着那么多钱，真让人担忧啊！

孩子们这回高兴了——过去这么多年，压岁钱都随着一句咒语“你还小，我们帮你收着”就消失不见了。钱是其他长辈给我自己的，为什么要上缴？没想到通过这件事，我们终于可以名正言顺地留下压岁钱，买零食、打游戏，想怎么花都可以，想想就开心。

独辟蹊径论纷争

作为一个心理学者，对于压岁钱归属这件事，我却有着与上述观点不同的视角。

首先，我并不认为这是一个完全的法律案件和财产所有权归属问题。在中国“先合情、后合理、再合法”的文化背景下，仅从法律上明确压岁钱的归属，并不具有普遍的示范意义，也不一定能在社会推行。

其次，我也不认为这是一个简单的亲情问题，拿亲情说事儿实质上是在掩盖压岁钱问题的本质。孩子想争取压岁钱的使用和支配，不代表他们与父母的亲子关系出现了问题，这是伴随着个体自我意识的觉醒和成长产生的自然要求。同样，父母在收缴压岁钱的时候，也并不是因为与孩子之间没有亲情。

既然不是因为亲情而起的争端，那么使用“亲情”来解决争端，或者使用“法律”来裁决争端，同样是治标而不治本。我想以客观中立的态度来分析，为什么面对压岁钱的归属问题，父母与孩子在认知判断上会产生如此大的分歧？

其实，这是因为心理账户的存在。

心理账户大不同

心理账户是芝加哥大学行为科学教授理查德·塞勒（Richard Thaler）提出的概念。他认为，除了银行里的实际账户外，在人的头脑里还存在着一种心理账户。人们会把现实的财富划归不同的账户进行管理，不同的心理账户有不同的记账方式和心理运算规则。

比如，我们会把工资划归到靠辛苦劳动日积月累下来的“勤劳致富”账户中，这是一种相对稳定的收入；把年终奖视为一种非常规的额外收益，放到“奖励”账户中；而把买体育彩票赢来的钱，放到“天上掉下的馅饼”账户中。面对不同心理账户里的钱，尽管数额相同，但是我们的消费心理却是不同的。

通常，使用“勤劳致富”账户里的钱，会比较精打细算，量入为出。用这个账户里的钱买一件5000元的大衣，是不是一件奢侈的事情呢？

对“奖励”账户里的钱，人们会抱着一种更为轻松的态度花掉，比如拿出一部分年终奖买下心仪已久的5000元大衣，作为送给自己的新年礼物，就是一件比较能接受的事情。

相比而言，“天上掉下的馅饼”账户里的钱是最不经用的，通常来去匆匆。比如你刚刚中了300万，一般不会全存到银行去吃利息，而是史无前例、豪情万丈地花掉一部分，类似于给自己换辆好车、回老家买套房、给贫困儿童捐点款、“借”给亲朋好友一些钱之类的，这就是心理账户在起作用。

生活中，绝大多数的人心中的确存在着一个个的“隐形账户”，受到心理账户的影响，对其中的金钱分门别类地管理和预算，以不同的态度对待等值的钱财，并做出不同的决策行为。

从经济学和“理性人”的角度来看，2 万元的工资、2 万元的年终奖和 2 万元的中奖彩票并没有区别，可实际上，人们却对三者做出了不同的消费决策。该在什么地方花钱，花多少钱，如何分配预算，如何管理收支，大体上总要在心中做一番平衡规划，这就是心理账户的估价过程。

与真实生活中的会计账户不同，心理账户的本质特征是“非替代性”，也就是不同账户的金钱不能完全替代，这使人们产生“此钱非彼钱”的认知错觉。当人们把一个账户里的钱花光了的时候，他们就不太可能再去动用其他账户里的资金，因为这样做打破了账户之间的独立性和稳定性，这会让人感到不安。

举个例子来说，你提前买了一张 800 元的音乐会门票，结果临出门的时候发现门票丢了，你愿意去现场再花 800 元钱买一张门票吗？大多数人的选择是不会。

相反，如果你没有提前买票，但是在临出门的时候发现钱包里的 800 元超市购物卡丢了，你还会继续掏钱买票听音乐会吗？大多数人都会选择买票。

为什么会这样呢？因为在我们心里，音乐会门票 800 元和购物卡 800 元分处不同的心理账户，对我们的意义是不一样的。前者在“享乐休闲”账户，既然丢了，再花钱就意味着超支，花 1600 元购买一张价值 800 元的音乐会门票，这让我们很难接受。而购物卡在“生活必需”账户，虽然丢了，但并不影响“享乐休闲”账户，我们仍可以继续花钱买票听音乐会。尽管实质上都是丢了价值 800 元的物品，却导致了可能不同的消费决定。

压岁钱里藏玄机

再回到压岁钱这个话题。

父母和孩子对压岁钱的巨大认知差异，恰恰与“心理账户”有关。同样，父母不愿意把压岁钱交给孩子支配，也跟“心理账户”有关。

通过对心理账户内隐结构的实证研究发现，心理账户的开支可分为四个部分：一是“生活必需”账户，比如衣食住行等正常家庭消费；二是“家庭建设和个人发展”账户，比如用于买房买车、学习教育等方面的消费；三是“情感维系”账户，比如节日礼物、请客吃饭、随份子钱等；四是“享乐休闲”账户，比如旅游度假、看电影、品美食等消费。

对中国人来说，情感维系和人情关系非常重要。所以，在春节的家族聚会上，在朋友见面时，人们更愿意通过“情感维系”开支推动往来。互相给对方孩子“压岁钱”，成为一种人情走动的方式，既充满温情，又能见到实惠，压岁钱的金额大小还有一个直观的感受。

在父母的心理账户中，自己给出去的压岁钱是在“情感维系”账户里支出的，所以别人给自己孩子的压岁钱，作为一种人情回馈，相应地就应该从孩子手中收回，重新回到“情感维系”账户里，以完成单一账户的收支平衡。所以，他们认为，自己支配压岁钱是理所当然的。

相反，对于小孩子来说，他们不需要考虑生活开支和人情往来，收到的压岁钱大多会归到类似“年终奖”或“天上掉馅饼”这种性质的账户里（大致相当于父母的“享乐休闲”账户），所以，更愿意大手大脚地消费掉。

根据心理账户的不可替代性，父母们就会认为，如果把压岁钱交给孩子自己保管，就相当于自己“情感维系”的账户金额无形中跑到了“享乐休闲”账户，而且消费方式还不是他们希望的，比如孩子购买垃圾食品或很多玩具。因此，父母一般会反对小孩子自己掌管压岁钱。

总之，父母和孩子的“压岁钱之争”，其本质是压岁钱被两代人放入了各不相同的心理账户，导致了不同的记账原则和消费方式。

解决纷争有妙招

家长要求管理压岁钱，一方面是因为自己的心理账户需要收支平衡，另一方面也是对孩子理财能力的不放心。我的建议是，教会孩子建立自己的“心理账户”，从根本上解决问题。

具体做法是：

1. 根据孩子的年龄和具体需求，与孩子一起商量着列出“储蓄”（存入银行、基本不动）、“教育”（学习用品、家教辅导等）、“示爱”（重要节日和家人生日的开支）、“娱乐”（购买玩具、小朋友之间的交际）等分账户，最好预先确定大致比例。

2. 得到压岁钱之后，引导孩子按比例把压岁钱放入不同的账户中，并在未来一年中从对应的账户里开支。6 岁以前可以请父母帮忙记账，6 岁以后可以由孩子自己记账管理。

3. 如果发生突发状况，或某个账户余额不足、需要从其他账户调用的时候，需要召开家庭会议讨论决定。

4. 年底的时候，带着孩子对全年的各项支出进行复盘，重新调整新的一年各分账户的入资比例。

账户分类好处多

这样做的好处显而易见。

首先，让孩子们真正感受到“被尊重”，而不再是压岁钱的“经手人”，从而大大减弱孩子与父母因为压岁钱而产生的对抗情绪。在“被尊重”的情绪引导下，孩子们会对自己的压岁钱精打细算，逐渐转向“日常消费”型账户管理方式，而不是把压岁钱当成“天上掉下来的馅饼”，及时行乐地花掉。

其次，提升孩子的自我管理、自我控制能力。心理账户有个很有意思的特点，那就是“不可替代”，如果一个人在心理上事先把钱归入了不同的账户，一般就不会产生挪用的念头。这种特点可以帮助孩子们开拓自我控制能力，有意识地控制一些不当消费。

第三，由于每个心理账户的价值不同，父母的心理也会发生改变。过去，父母觉得大人之间的“情感维系”账户比孩子的“享乐休闲”账户重要，所以要保留对压岁钱的支配权。

但是，如果孩子可以做到把压岁钱合理规划，更多用于自己的健康成长、学习教育、向父母和家人赠送礼物等方面，那么相信家长们都会认为孩子“懂事儿”会比自己的人情往来更重要，自然而然，也就不会极力反对由孩子来管理压岁钱了。

压岁钱的归属和使用，不是法律问题或教育问题，而是心理账户的分类问题。随着孩子的年龄越来越大，自我意识不断发展，独立要求愈发高涨，身为父母，我们可以利用压岁钱帮孩子从小建立“心理账户”。这不仅可以有效解决压岁钱的归属和使用问题，还能培养孩子的理财意识和规划能力，最终化戾气为祥和，变争执为关爱。

尾声

人到中年，风景此时正好

一篇《男到中年，不如狗》的爆文曾在朋友圈刷屏，引发了无数人的唏嘘和感慨，点赞数更是超过了10万。文中讲到了2017年12月10日，42岁的中兴通讯研发工程师欧建新从26楼办公室坠亡这一事件，并引用了张爱玲的话："到中年的男人，时常会觉得孤独，因为他一睁开眼睛，周围都是要依靠他的人，却没有他可以依靠的人。"文中还有理有据地表明，男人自杀率远高于女人。

全文的核心思想是：男人活到中年，为人子、为人夫、为人父，真的是不敢病，也不敢死。这句话戳中了无数男性的痛点，一时之间，转发和点赞满天飞。

这个世界，一半是男人，另一半是女人。仿佛是为了呼应，跟着微信圈里又有了一篇热文《有娃后：女到中年，更不如狗！》。这篇讲述了2017年9月9日下午，北京左安门内左安浦园里一位妈妈带着女儿要跳楼。文中还引用了维基百科上的统计数据，说明中国是唯一女性自杀率显著超过男性的国家，女性自杀率比男性高出25%~40%。

文中历数了中年女性的种种不堪，引用了王小波对中年女性的刻薄评论，"中年妇女，在中国是一种自然灾害"，还把中年女性描述成"一个蓬头垢面，满脸横肉，一只手挎着孩子的书包，一边骂骂咧咧推搡孩子”的形象。

其传递的核心理念是：中年女人为所有人活，却唯独很难活出自己。她们活得小心翼翼，甚至连女人该有的自尊心和脸面都没有。这篇文章在一定程度上揭示了中年女性的种种生存不易（比如努力去维持家庭和事业的平衡），也获得了不俗的点赞和转载。

中年人真的这样吗？

作为一名中年妇女，面对这样两篇文章，我看后却很不舒服，觉得胸闷气短、不吐不快：中年男人和中年女人怎么就“不如狗”甚至“更不如狗”了？！难道就因为有人自杀吗？全世界每天都有不同年龄层的人在自杀，因为中年人自杀被报道了，我们所有中年人就集体“不如狗”了？

我始终坚信，写文章是为了表达思想、直抒胸臆，所以，字里行间可以理智，但不能冰冷；可以温情，但不能煽情；可以激情，但不能狗血；可以抱怨，但不能悲观；可以犀利，但不能刻薄。

两篇文章虽然描述了一些事实，但也仅仅是一部分事实。一种沮丧气、一种无助感扑面而来，特别是其中一段描述中年妇女感觉的文字，简直让人看后有毛骨悚然、不寒而栗之感。中年人真的是这样吗？

按照发展心理学的观点，人的一生都是在不断向前发展的，每个阶段的心理都有成长和进步的地方。中年人相比于青年和老年，具有自己的特点和优势。

中年期任务繁重

中年期是一生中一个特殊时期，它不仅是个体对社会影响最大的时期，也是社会向个体提出要求最多、期待最大的时期。心理学家哈威格斯特把中年期的发展任务归纳为 7 项：

1. 履行成年人的公民责任与社会责任；
2. 建立与维持生活的经济标准；
3. 开展成年期业余活动；
4. 帮助未成年孩子成为有责任心的、幸福的成年人；
5. 同配偶保持和谐的关系；
6. 承受并适应中年人生理上的变化；
7. 与老年父母相适应。

所以，看着上面满满的任务明细，这就是为什么很多中年人会觉得辛苦的原因，因为我们需要面面俱到、考虑周全、全方位努力。

但与此同时，相对于青年期，多奋斗了十几年的中年人，一般都拥有着青年期很难达到的财务水平，不再轻易被他人的观点所左右，自己的意见更被别人重视、影响力更大，应对工作起来也更加游刃有余，处理人际冲突举重若轻。与身边的配偶磨合久了，对对方的习惯和表情也心知肚明。在养育儿女的过程中，中年夫妻与孩子一同成长，更加理解为人父母的不易，愿意主动原谅父母当年的一些不经意的伤害。

这些，难道不是成长吗？难道不是人生给予中年人的馈赠吗？

中年期人格成熟

人到中年，人格结构趋于稳定，主要表现在三个方面：

第一，内省日趋明显。曾子曰：吾日三省吾身。人到中年，我们更加把关注焦点投向内心世界，重视自我反省，从生活的点滴小事中不断提炼经验教训，成长为更好的自己。所以，中年人内省的时间变多，也越来越能冷静地评估自己的不足。

到了中年，男性开始变得稳重温和、心思细腻，能体贴照顾他人，中年女性的人格中也出现了坚毅果敢、能担当、有决断等一些男性特质。不论是“男人女性化”，还是“女人男性化”，其实都是人格在不断融合优化。所以，中年时期才是最有人格魅力的时期。

第二，心理防御机制日趋成熟，为人处世日趋圆通。人到中年，对于他人的挑衅言行，我们不再轻易地暴跳如雷，转而使用更加幽默、利他的方式来应对。

比如，在青年的时候，一听说张三在背后说自己坏话，我们可能会立刻冲出去、当面责问张三为什么这么卑鄙，结果自然是大吵一架、场面很难看。中年的我们，听说张三在背后搞小动作，可能会先去判断信息来源是否可靠，是否有别人刻意挑拨离间，然后再反省自己有没有什么举动让张三误会，最后可能才是找时间请张三喝个下午茶聊聊天，澄清误会，修复关系。

第三，性别角色日趋整合。青年期的男性，性格上可能比较冲动、毛躁、做事不管不顾。到了中年，男性开始变得稳重温和、心思细腻、能体贴照顾他人，这些其实是女性的人格优点，是男性在成长中逐渐融合并学会了女性的人格特点。我们把这种现象称作“男人女性化”。

同样，年轻的姑娘，在性格上可能比较娇气、爱玩闹、怕吃苦。当自己成立家庭，顶门立户地过了十几年，工作、养孩子、买房子、装修、做家务等，几乎都需要自己亲力亲为。慢慢地，中年女性的人格中开始出现坚毅果敢、能担当、有决断等一些男性特质，我们把这种现象称为“女人男性化”。

也就是说，不论是“男人女性化”，还是“女人男性化”，其实都是中年期人格在不断自主优化，同时兼具两种不同性别的人格优点，形成了整合的人格。所以，中年时期才是最有人格魅力的时期。

凭啥中年不如狗？我就觉得，风景此时正好。

举杯邀明月，对影成三人。敬我不可复制、无法重来的中年时光！

图书在版编目（CIP）数据

用得上的心理学 / 王明姬，姚兵著．-- 上海：上海社会科学院出版社，2018
ISBN 978-7-5520-2494-4

Ⅰ．①用… Ⅱ．①王… ②姚… Ⅲ．①心理学－通俗读物 Ⅳ．① B84-49

中国版本图书馆 CIP 数据核字 (2018) 第 273044 号

用得上的心理学

著　　者：王明姬　姚　兵
责任编辑：杜颖颖
特约编辑：鲁小彬
插　　画：孙万帅
封面设计：主语设计
出版发行：上海社会科学院出版社
上海市顺昌路 622 号　　邮编 200025
电话总机 021—63315900　　销售热线 021—53063735
http：//www.sassp.org.cn　　E-mail：sassp@sass.org.cn
印　　刷：河北鹏润印刷有限公司
开　　本：710 × 1000 毫米　1/16 开
印　　张：21.75
字　　数：220 千字
版　　次：2018 年 12 月第 1 版　　2019 年 7 月第 2 次印刷

ISBN 978-7-5520-2494-4/B・253　　定价：46.80 元